简明自然科学向导丛书

印刷之术

主 编 钟永诚

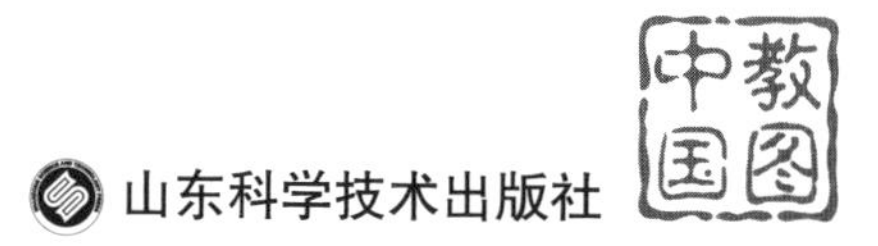
山东科学技术出版社

主　编　钟永诚

副主编　徐　麒

编　委　王卫东　姜阵威　陈　曦

前言

印刷术是我国古代四大发明之一，对世界文明的发展做出了巨大贡献。印刷术从发明至今，已成为当代社会不可缺少的行业，是人类文化、信息交流的有力工具，是促进社会文明发展的一种重要手段。随着社会的进步，印刷技术在各方面都取得了巨大的发展，设备越来越精密，速度越来越快，质量越来越高，印刷范围也越来越广，报纸、图书、杂志、资料、图片、地图、货币、单据、商标、电路板等无一不是印刷产品。可以说，印刷已应用到了社会的各个角落。

中国是印刷技术的发明地，大约在6～7世纪，中国已经出现了非常成熟的雕版印刷技术，很多国家的印刷技术或是由中国传入，或是由于受到中国的影响而发展起来。中国的雕版印刷技术首先传播到周边国家，然后经中亚传到波斯，大约在14世纪由波斯传到埃及。波斯实际上成了中国印刷技术西传的中转站，14世纪末，欧洲才出现用木版雕印的纸牌、圣像和学生用的拉丁文课本。

活字印刷也是由中国人发明的，关于活字印刷的记载首见于宋代著名科学家沈括的《梦溪笔谈》。1041～1048年，平民出身的毕升用胶泥制字，一个字为一个印，用火烧硬，使之成为陶质。排版时先准备一块铁板，铁板上放上松香、蜡、纸灰等的混合物，铁板四周围着一个铁框，在铁框内排满字印，摆满就是一版，然后用火烘烤，将混合物熔化，与活字块结为一体，趁热用平板在活字上压一下，使字面平整，便可用于印刷。

我国的木活字技术大约在14世纪传入朝鲜和日本。朝鲜人民在木活字的基础上创制了铜活字。我国的活字印刷技术由新疆经波斯、埃及传入欧洲。1450年前后，德国的谷登堡受中国活字印刷的影响，用合金制成了拼音文字的活字，用来印刷书籍。

印刷技术传到欧洲，加速了欧洲社会发展的进程，为文艺复兴运动的发起提供了条件。中国人发明的印刷技术为现代社会的建立提供了必要前提。

那么，什么是印刷呢？在不同的时期，印刷有着不同的含义，分为传统印刷和广义印刷。早期的印刷指的是利用一定的压力使印版上的油墨或其他粘附性色料向承印物上转移的工艺技术。随着近十几年来电子、激光、计算机等技术不断向印刷领域的扩展以及高科技成果在印刷领域中的应用，出现了许多无需印版和印刷压力的新兴印刷方式，如激光打印、数字印刷、喷墨打印等，从而使印刷有了新的含义。目前广为采用的印刷概念印刷是使用印版或其他方式将原稿上的图文信息转移到承印物上的工艺技术，也就是说，印刷是对原稿上图文信息进行大量复制的技术。

今天，印刷作为一门应用技术，其应用范围非常广泛，几乎达到了可以在除水和空气之外任何材质上进行印刷的水平，而且印刷已成为跨行业的、庞大的工业体系，在国民经济中占有重要地位。

本书围绕大印刷这一主题，以概述、印刷工艺、印刷设备与材料为主线，从印前、印中、印后几个方面选取比较重要的、具有代表性的内容，配合一定的印刷发展史、印刷标准化建设、新材料技术设备介绍，试图给出一个印刷的大致轮廓，使读者对印刷形成一个初步了解。

由于体裁的限制，许多方面不可能做深入细致的探讨，感兴趣者，可以寻求某方面的专著进行阅读学习。

编　者

目录

简明自然科学向导丛书
CONTENTS
印刷之术

一、概述

搭载着文明遨游时空——印刷术/1
印刷的前身——印章/2
印刷的另一渊源——拓印/3
最古老的印刷术——雕版印刷/5
现存最早的雕版印刷品——金刚经/6
坊刻、私刻与官刻/8
名垂青史的几次大规模刻书活动/9
活字印刷600年/11
谷登堡其人/13
印刷技术的生辰八字/14
最适合印刷的字体——宋体/17
印刷术是如何传遍全世界的/19
照相术的发明使印刷术如虎添翼/20
印刷的族谱/21
好看不能吃的饾饤——套版印刷/23
艺术嫁给了技术——木版水印/24
放大了的印章——凸版印刷/26
异军突起的印刷方式——平版胶印/27
凸以彰显,凹也迷人——凹版印刷/28
筛洒一片美丽——丝网印刷/30
金光闪闪的印刷——印金与烫金/31
珠光宝气的印刷——珠光印刷/32

几近乱真的印刷——珂罗版印刷/33
看上去和摸上去都像真的——凹凸压印/35
如何印出立体图案/36
磁卡是不是印刷品/37
防伪全息印刷/38
不干胶标签真方便/39
给每种商品一个代号——条码印刷/41
报纸是怎样印出来的/42
盲人“看”的书也是印出来的/43
牙膏皮一类的软管如何印制/44
集成电路是怎样印出来的/46
古老印刷方式焕发青春——柔版印刷/47
不干胶印刷品是如何制造出来的/48
金属产品的表面如何印刷/49
塑料产品的表面如何印刷/51
陶瓷产品的表面如何印刷/52
利用升华的原理进行印刷/53
利用静电吸附的原理可以进行印刷/54
“彩色喷墨打印机”是怎样工作的/55
印刷业发展的方向之一——数字印刷/57
高保真印刷使复制的颜色更加逼真/58

二、印刷工艺

一本书的经典制作工艺/60
印刷的蓝本——原稿/61
信息之桥——印版/62
信息之舟——承印物/64
信息的外衣——油墨/65
雕版印刷工艺/67

平版胶印工艺/68
无水胶印技术/69
凸版印刷工艺/70
凹版印刷工艺/71
丝网印刷工艺/71
柔版印刷工艺/72
无版印刷技术/73
计算机排版工艺/74
彩色桌面出版系统制版工艺/75
计算机直接制版工艺/75
PS版制版工艺/76
柔版制版工艺/77
电子雕刻凹版制版工艺/78
丝网制版工艺/79
弹指如飞让思维跟不上——汉字录入/80
汉字的容颜、气质和风骨/82
图像数字化手段——扫描/83
图片的梦工场——Photoshop/84
排版与设计集成——CorelDRAW/85
功能强大的版面制作软件——InDesign/85
颜色何以如此神奇——颜色的作用/86
人类是如何感知颜色的/88
颜色会给人带来哪些感觉/89
颜色是否有感情/91
印刷是否也要像画家一样调和颜色/92
运用色彩时有哪些注意事项/93
驾驭颜色——印刷过程的色彩管理/95
高质量的印刷品是怎样制作出来的/96
只有三种颜色,印刷将会怎样/98

看似平凡却神奇——不可或缺的黑色/99
印刷复杂的颜色必须先分解成基本颜色/101
印刷用光源是否与生活光源一样/102
人类发明一个小点点,世界进入一片新天地/104
网点是怎样加到印版上的/105
网点有没有角度/107
彩图印刷中的乐谱——阶调/108
连续调图像是否非得用网点复制/109
颜色交流的魔杖——CIE 标准色空间/110
色彩复制中的定海神针——灰平衡/112
确定色彩印刷范围的重要手段——定标/114
油墨和稀泥——专色墨调配/115
多色印刷工艺大盘点/116
一切神奇终将回归原始——RIP(光栅图像处理)/117
电子版面输出稳定的保证——软片线性化/119
化解纷争的试印刷——打样/120
让错误无以遁形——校对/121
数码打样/122
水墨平衡才出彩/122
印刷也要有压力/124
印刷后加工技术/124
古代书籍装帧形式/125
现代书籍由哪几部分组成/127
书籍的印后加工——装订/128
一般书刊的装订工艺——平装/129
让印刷品光彩照人——上光/130
给印刷品一张新“面孔”——覆膜/131
精装书书芯的制作/132
精装书书壳的制作/133

无线胶订/134
印刷品的质量检查/135

三、印刷设备与材料

大有前途的数字印刷系统/137
单张纸印刷机与卷筒纸印刷机/138
不同压印形式的印刷机/139
凹版印刷机/141
柔性版印刷机/141
丝网印刷机/142
数字印刷机/143
印刷机控制系统/144
DTP 桌面出版系统/144
扫描仪可以将图像化做一盘沙子/146
CTP 诀别胶片,让信息直奔印版/147
折页机/148
订书机/149
锁线机/150
精装书联动生产线/151
用于印刷制版的感光胶片/152
平印常用版材——PS 版/153
其他平印版材/153
凸版版材/154
柔版印刷版材/155
感光体系 CTP——直接制版版材/156
感热体系 CTP 版材及其他 CTP 版材/157
用于凹印的印版版材/158
印刷用油墨/159
印刷油墨应具备的性能/160

CONTENTS

印刷用油墨颜色质量评价/161
油墨的干燥性能/162
油墨的印刷适性/163
胶版印刷油墨/164
凹版印刷油墨/165
凸版印刷油墨/166
丝网印刷油墨/166
柔版印刷油墨/167
印刷常用纸张/168
印刷纸张的评价标准/169
纸张的印刷适性/170
胶版纸/172
铜版纸/172
新闻纸/173
纸张的规格/174
纸张储存/176
用于印刷的塑料/177
用于印刷的金属/178
用于印刷的玻璃/179
用于印刷的织物/180
用于印刷的陶瓷/180
平版印刷用水——润版液/181
刻录图像的点点滴滴——激光照排机/182
油墨清洗剂/183
印刷品封面用料/184
烫印材料/185
书籍的其他装饰材料/185
装订用粘接材料/186
平版印刷中的“二传手”——橡皮布/187

一、概 述

搭载着文明遨游时空——印刷术

众所周知,“四大发明”是指中国古代的造纸术、指南针、火药、印刷术。这些发明不但对中国古代的政治、经济、文化发展起到了巨大的推动作用,而且对世界文明发展史也产生了极大的影响。

英国哲学家弗兰西斯·培根指出:印刷术、火药、指南针“这三种发明已经在世界范围内把事物的全部面貌和情况都改变了:第一种是在学术方面,第二种是在战事方面,第三种是在航行方面……。”

马克思曾评论道:“火药、指南针、印刷术——这是预告资产阶级社会到来的三大发明。火药把骑士阶层炸得粉碎,指南针打开了世界市场并建立了殖民地,而印刷术则变成了科学复兴的手段,变成对精神发展创造必要前提的最强大的杠杆。”

印刷术是指使用印版或其他方式将原稿上的图文信息转移到纸张等承印物上的工艺技术。从现存最早的文献和印刷实物来看,我国雕版印刷术出现于 7 世纪,即唐贞观年间。贞观十年(636 年)唐太宗令梓行(即印刷)长孙皇后的遗著《女则》,这是世界雕版印刷之始。雕版印刷术使图书的多册复制成为现实,缺点在于当时使用的是木版,每印制一本新书就要重新刻板,既费工又费时费料。距今约 1 000 年前的北宋庆历年间,布衣毕昇又发明了泥活字版印刷,成为印刷术发明后的第二个里程碑。1455 年,德国人谷登堡发明了铅活字版印刷技术,并采用机械方式印刷,从此西方进入印刷术的鼎盛时期。印刷术的诞生与发展是文化、物质和技艺等长期积累的结果,是人类智慧的结晶。

原始社会中，劳动催生了语言，但语言在当时难以保存和传播，人类又发明了记录语言的符号——文字。文字从古代的结绳记事、刻木记事、绘画记事，逐渐演变成象形文字，直到规范文字，经历了一个从繁到简、由圆而方的漫长过程。文字的产生，是人类进入文明时代的重要标志，它使语言信息得以准确、完整、形象地再现，不受时空限制，使知识的存留与传播更加便捷，也成为印刷术诞生的重要前提条件。

伴随着文字的演变，在以刀笔、竹挺为笔的基础上，秦国名将蒙恬以兔毛和竹管为材料改良了殷商之前使用的毛笔，提供了方便的书写工具。公元3世纪，我国出现了用松烟或油烟加动物胶制成的适宜书写与绘画的墨。东汉蔡伦用树皮、麻头、破布、旧渔网等植物纤维为原料，制成了价廉物美的“蔡侯纸”。笔、墨、纸的发明成为印刷术产生的物质基础。战国、秦、汉以来出现的印章盖印和起源于南北朝时期的碑刻拓印等复制文字、图画的方法，又为印刷术的发明提供了技术条件。

中国社会进入到唐代，社会的安宁、经济的发展、文化的兴盛、佛教的流行，都需要迅速、大量地传播信息，传统的写抄本已不能满足人们对各种文字资料的需求，印刷术由此应运而生。

印刷术问世之后，引发了文化传播领域的一场革命，与手抄书籍相比，它使更多的人获得了受教育的机会，文盲率在随后几个世纪里大大降低，对推动生产力发展和社会进步产生了极为重要的作用，堪称“人类文明之母”，在人类文化与日常生活中占据着极其重要的地位。孙中山先生指出：“据近世文明言，生活之物质原件共有五种，即食、衣、住、行及印刷也。”可见印刷的地位多么重要！书刊印刷向人们提供精神食粮，报纸印刷向人们传递信息，包装装潢印刷可以保护、宣传、美化商品，文化用品印刷为人们的生活、学习、工作提供方便。随着社会的进步和发展，目前，印刷业水平已成为衡量一个国家社会文明、科技进步和经济发展的重要标志之一。

印刷的前身——印章

一枚小小的印章，可以用梨、枣、桃、黄杨等木料刻成，也可以用石料、铜料、骨料等精雕细刻而成。使用印章的方法称为盖印，既可作为本人的凭信之物代替签名，又因其材质、雕刻手法以及风格的不同而具有欣赏价值。

古时印章通称为玺，约起源于商代，历代都有发展。玺是古代社会政治、经济、文化发展的产物。早期的印章用于家族的标志和地位的象征，或用作饰物佩带，或用于封泥，纸张发明后才逐渐用于盖印。

现存最早的印章是20世纪30年代中期在河南安阳殷墟出土的三方青铜印章，据考证为商代诸侯的权力信物。当时在社会生活中，人们需要一种人与人往来的凭证和经济交往的信物，印章起初只是作为商业上交流货物时的凭证，即“印者，信也”。信函往来时则在封口的泥块上用玺钤印，以防他人偷看，后来发展为表征当权者权力的法物和政权的标志。

世上最有名的印章是秦始皇的传国御玺。秦王嬴政称帝后得楚人卞和所献“和氏璧”，遂命丞相李斯篆书“受命于天，既寿永昌”八字，由咸阳玉工孙寿将其雕琢其上，成为镇国之宝。此玉玺历经了20余个大小王朝的10余位皇帝争夺后最终神秘失踪。

印章的面积一般比较小，只能容纳姓名或官爵等几个字。但魏晋南北朝时，道教兴起，道家在桃木或枣木板上刻上文字较长的符咒，用以佩带，起辟邪防身之用。据晋代葛洪(284～363年)在《抱朴子·内篇》中记载：“古之人入山者，皆佩黄神越章之印，其广四寸，其字一百二十，以封泥着所经之四方各百步，则虎不敢尽其内也。”这种容载字数较多的木刻文字，与雕版的方法更为近似，可见当时人们已经能够用盖印的方法复制一篇短文了。

起初的印章多是凹入的阴文，用于公文信函封泥之上。后来纸张流行，封泥逐渐失去效用，朱印盖印取而代之，凸起的阳文多了起来，印章创造了从反刻的文字取得正字的复制技术。

印章的雕刻和盖印，除了字数少、面积小外，与雕版印刷的原理十分近似。可以认为，印章就是印版的前身，盖印已是印刷的雏形了，印刷的“印”字本身就有印章和印刷两种含意。

印刷的另一渊源——拓印

将石刻文字复制到纸上的技术称为拓印，这是纸张广泛使用后出现的一种文字复制技术。汉武帝“罢黜百家，独尊儒术”，但当时儒家典籍全凭经师口授，学生笔录，不同的经师传授同一典籍也难免会有差异。东汉灵帝熹平四年(175 年),政府立石将重要的儒家经典全部刻在上面,由当时的书法家蔡邕用标准的八分隶书体写成,人称“一体石经”“熹平石经”或“汉石经”。石经共刻《鲁诗》《尚书》《周易》《春秋》《公羊传》《仪礼》《论语》等七经,共 64 块石碑,计 200 910 字,至光和六年(183 年)完成,被誉为中国最大的石刻书。熹平石经出自名家,有精严端庄的庙堂气象,具校正经文和规范文字的实用目的,是中国历史上最早的官定儒家经史标准本,在历史上颇有影响。原石碑立于河南洛阳城南门外太学讲堂前,目前尚存残石数百块之多。

汉灵帝熹平石经拓片

为了免除从石刻上抄录经书的劳动,大约在 4 世纪左右,人们发明了拓印的方法:把一张坚韧的薄纸浸湿后敷在石碑上,再蒙上一张吸水的厚纸,用拓包轻轻拍打,到纸陷入碑上刻字的凹痕时为止,待纸稍干后,揭去外面的厚纸，用拓包蘸着墨汁，轻而均匀地往薄纸上刷拍，待薄纸干后揭下来，便是白字黑地的拓片。这种拓印技法与雕版印刷已十分接近，所不同的是，碑帖的文字是内凹的阴文，而雕版印刷的文字是外凸的阳文。石碑上的文字是阴文正写，拓碑提供了从阴文正字取得正写文字的复制技术。后来，人们又把石碑上的文字刻在木板上，再由此传拓。唐代大诗人杜甫在诗中曾说："峄山之碑野火焚，枣木传刻肥失真"，这和雕版印刷已经极其相似了。拓印技术约起源于南北朝时期，隋代宫廷的藏书中就将拓印品分为一类，而且有专门从事拓印的人员。唐代拓印更为普遍，宋代已发展到从一切有凹、凸文字和图案的器物上拓印。

至唐初，印章与拓印两种方法逐渐发展合流，从而出现了雕版印刷术。

如果说印刷术的"印"字本身就含有印章和印刷两种意思，那么"刷"字则是拓印施墨工序的名称。从印刷术的命名中也可以揭示出它跟印章和拓碑的血缘关系。

最古老的印刷术——雕版印刷

东汉元兴元年(105 年)，蔡伦改进了前人的造纸工艺，提高了纸张的质量，为社会提供了优质、轻便、价廉的书写材料，从此纸张逐渐代替了简帛，成为主要的书写材料。南北朝是纸写本的繁荣时代，手抄本的盛行使书籍产量大增，促进了文化的传播。南北朝时，梁元帝在江陵有书籍 7 万多卷，隋朝嘉则殿中藏书有 37 万卷，这是我国古代国家图书馆最高的藏书记录。除了官府藏书外，私人藏书也越来越多，比如晋朝郭太有书 5 000 卷。当时只有官府和富人才有能力藏书，一般人要得到一两本书也很不容易，因为那时的书都是手抄本，要抄这么多的书，需要花费大量人力物力。为了满足社会对书籍的需求，迫切需要一种能够大量复制文字的技术。

当时，社会上已在广泛应用盖印和拓印技术。

印章有阳文和阴文两种，阳文刻的字是凸出来的，阴文刻的字是凹进去的。如果使用阳文印章，印到纸上就是白地黑字，非常醒目。但是印章一般比较小，印出来的字数毕竟有限。

刻碑时一般用阴文，拓印出来的是黑底白字，不够醒目。但是，拓碑有一个很大的好处，那就是石碑面积比较大，一次可以拓印许多字。

将两种技术取长补短合二为一，便出现了雕版印刷术。

雕版印刷的操作步骤如下：先把木质细腻而坚硬的木材锯成一块块薄板并打磨光滑，把要印的文字用薄纸写成字稿，反贴在木板上，再根据每个字的笔画，用刀雕刻成阳文，使每个字的笔画突出在板上。木板刻好以后，就可以开印了。印书时，用刷子蘸墨，在刻好的印版上均匀地涂布，接着，把白纸覆盖在印版上，另外拿一把干净的刷子在纸背上轻而均匀地涂布，一页书就印好了。一页一页印好后，装订成册，一本书也就成功了。雕版印刷的确是一个伟大的发明。一种书，只雕刻一回木版，就可以印很多本书，比用手写不知要快多少倍了。

雕版印刷术起源于何时呢？早在隋代史料中，就有刻印佛经佛像的记载。7 世纪初期，最早使用雕版印刷术者为民间和佛教寺院。唐贞观十年(636 年)，唐太宗李世民下令梓行《女则》，这是目前我国文献资料中提到的最早的刻本。当时民间已经开始用雕版印刷印行书籍，所以唐太宗才会下令刻印《女则》。雕版印刷发明的年代，一定比《女则》印刷的年代更早。645 年，玄奘从印度取经回到长安后，曾用纸大量印刷普贤菩萨像。据此可以推断，雕版印刷术约发明于隋末唐初。唐开元年间(713～714 年)的雕本《开元杂报》是世界上最早的报纸。唐咸通九年(868 年)印刷的一卷《金刚经》，是目前世界上最早的有明确日期的印刷实物。至 9 世纪时，中国用雕版印刷来印书已经相当普遍了。

宋代是我国古代雕版印刷的鼎盛时期，政府重视印刷并积极参与，民间印刷十分活跃，印刷数量和种类大增，版式趋向规范化，书籍的印刷质量达到历史高峰。当时雕刻印版的材料除木板外，也有人开始用铜板雕刻。宋代首次印刷发行了纸币，有价证券及商标包装多使用铜版印刷。

目前，雕版印刷术虽然式微但仍在使用，因为它是现阶段最适合复制国画的工艺技术。

现存最早的雕版印刷品——金刚经

到目前为止，唐代印刷品已在多处发现，这使我们能目睹当时雕版印刷的技艺水准和真实风貌。史书记载，645 年，唐朝玄奘和尚从印度取经回到长安后，曾用纸大量印刷普贤菩萨像，在民间广为传播。由此可见，当时已经开始用雕版印刷佛教书画了。

甘肃省敦煌市东南有座鸣沙山，早在晋朝的时候，有一些佛教徒就在这里开凿山洞，雕刻佛像，建筑寺庙。山洞不断增加，佛像也随之增多，人们便把这里称为“千佛洞”。1900 年，有一个姓王的道士在修理洞窟的时候，无意中发现了一个密闭的暗室，打开一看，里面堆满了一捆捆纸卷和丝织物，约有 4 万多件历代古物，有相当多的纸卷是唐代的书籍，其中有一卷是唐代刻印的《金刚经》，其末尾题有“咸通九年四月十五日王玠为二亲敬造普施”一行字。“咸通九年”为公元 868 年，据目前所知这幅刻印于 868 年的《金刚经》是世界范围内发现的最早的、有确切日期的印刷品，1907 年被英国人斯坦因掠至国外，现存于英国伦敦博物馆。这件雕版印刷品是红黑双色套印的卷轴装经卷，展开后长约 5.33 米，由 7 个印张粘接而成。最前面是一幅扉页画，画着释迦牟尼对弟子讲经说法的神话故事，神态生动，后面印的是《金刚经》全文。这个卷子图文都非常精美，雕刻刀法细腻，线条浑朴凝重，说明当时刊刻和印刷技术都达到了相当纯熟的程度。据专家推算，印刷术要达到如此高的水准，至少应经历 200 年的发展历程。

《金刚经》是世界上现存最早的雕版印刷书籍，图画也是雕刻在一块整版上的，也许是世界上最早的版画，对于研究印刷发展史具有重要的作用。

卷轴装的印刷品《金刚经》(敦煌发现，868 年刻印)

坊刻、私刻与官刻

坊刻、私刻与官刻是中国古代社会中三种不同的图书出版形式。

坊刻即作坊书肆刻书，指中国古代民间书商刻印图书，这样的书也称为“坊刻本”，以销售流通营利为目的。

坊肆刻书起源最早，始于唐代，盛于南宋。唐代300多年间，印刷业尚处于初期发展阶段，从文献与留存实物来看，当时刻书活动只局限在寺院和民间作坊书肆，尚未出现官方刻书。雕版印刷最早是用于刻印佛经，后来逐渐普及到民间，民间作坊开始私自刊印政府所禁的历书。唐代中后期出现了我国历史上第一次印刷高潮，寺院印刷和民间坊刻都很活跃，涌现出相当数量的以印卖诗文、历书、字书、占梦、阴阳杂记为业的手工印书作坊。宋代的坊肆刻书遍布全国各地，特别是浙江、福建、江西、四川等几个主要地区，坊肆刻书十分活跃，有些坊肆从事刻书卖书甚至几代人相继传承。由于坊刻规模和财力不及官府，从刻印的精美程度来看，坊刻本也不如官刻本。但坊刻是数量最多、范围最广、影响最大的一种出版形式，坊刻的繁荣曾促进了中国文化尤其是民间文化的发展，坊刻家是真正意义上的出版商。例如，北宋蜀地费氏进修堂所刻的《资治通鉴》，南宋蜀地所刻的《三苏先生文集》《太平御览》等，都曾在国内广为传播。

私刻是指官僚、富绅、文人学士等私人出资刻印图书。私人出资刻书从后蜀宰相毋昭裔始，对后世影响深远。私刻本早于官刻本，其数量亦远超过官刻本。不以营利为目的的私家刻书称为家塾本或家刻本。自宋代以来，私家刻书持续不衰，家刻本多是刊刻文学作品。南宋是私刻活动的昌盛时期，名家名刻不断出现，著名的有陆游儿子所刻的《渭南文集》、廖莹中所刻的《昌黎先生文集》和《河东先生文集》、周必大所刻的《欧阳文忠公集》等，对宋文学的传播起到了巨大的推动作用。

官刻即官府监制雕刻印行的书籍，又称为“官板”或“监本”，多为古代经史典籍。晚唐民间作坊的兴盛，直接刺激了五代以后官刻和私刻的出现。唐长兴三年(932年)，明宗命令当时全国最高学府和教育主管机关国子监开雕“九经三传”，史称“五代监本”，开官刻之先河，为后世官府刻书活动提供了典范。宋朝“兴文教，抑武事”，重视官学，官学刻书包括州学、府学、军学、郡学、郡庠、县学、县庠、学宫、学舍等版本。遍阅现存的南宋官刻本，府州一级的地方政府和官学刻书数量最多。

明代是中国古代出版印刷业发展的极盛时期，官刻、坊刻、私刻等多种形式并存。明代官府的刻书机构是历朝历代中最多的，刻书内容是历代官刻中最丰富的，中国古代四大名著中，除了《红楼梦》，其他三部都出现于明代。清代前期刻印业继续着明代的繁荣，官刻以武英殿、国子监和官书局三管齐下，而以武英殿为最，称为“殿本”或“殿版”。清代中叶以后国门大开，随着西方近代出版和文化传播技术的传入，我国古代辉煌的文学传播活动一度走向低谷。

名垂青史的几次大规模刻书活动

我国历史上有几个朝代曾开展过大规模的刻书活动，为中国古代文化的传承与发展做出了重大贡献。

首次大规模刻书活动发生在五代十国时期(907～960 年)。短短 50 年间，中原地区内外就有前后五个王朝交替、十个王国争雄。虽然全国各地军阀混战，造成频繁的王朝更迭，但五代在中国印刷史上仍占有重要地位，五代的刻印业比唐代大有发展，印刷规模进一步扩大，印刷地区更加广泛，数量也大幅度增加，印刷的内容除佛经、佛像、历书等外，政府首次主持刻印了儒家和道家经典以及文学、历史类书籍。当时朝中有一名高官叫冯道，他在短短的五个朝代中做过四朝宰相，这使他有条件完成一项巨大的印书工程。他看到民间贩卖的书籍中独缺儒家经典，便向皇帝建议由国子监刻印儒家经典“九经三传”，即《易》《书》《诗》《周礼》《仪礼》《礼记》《论语》《孝经》《尔雅》《春秋左氏传》《春秋公羊传》《春秋谷梁传》，史称“五代监本”。这一次刻书活动经历了四个朝代，历时 22 年，开官刻历史之先河，在中国印刷史上有较高的知名度。五代另一位在印刷史上有重要影响的人是后蜀宰相毋昭裔。公元 944 年始，他独家出资刻印了《文选》《初学记》和《白氏六帖》等书，开私家刻书风气之先，对后世影响深远。五代的宗教印刷也很兴盛，印佛经最多的是当时吴越国的国王钱弘淑。1924 年，杭州西湖雷峰塔倒塌时，于砖孔中发现千卷左右的《宝箧印经》，卷首扉画前印有：[天下兵马大元帅吴越国王钱弘淑造此经八万四千卷，舍入西关砖塔，永充供养]。后世于敦煌藏宝洞中发现的五代印刷品中还有大量的佛经与佛像。

我国刻书活动的极盛时期是在宋代(960～1279年),我国的文化传播事业在宋代空前繁荣。宋朝政府重视文治,改革科举取士制度,健全了政府图书编纂机构,对古籍进行了大规模的编纂整理,形成了前所未有的学术氛围。社会上官刻、私刻和坊刻三足鼎立,出现了汴京(今河南开封)、浙江、福建、四川等几个大规模的图书刻印中心。宋代刻书机构之多、数量之大、门类之全、地域之广、行销之快,都是前所未有的。当时纸、墨的制造及雕版技艺更为精良,优美而便于刻印的宋体字问世,书法名家亲手抄写后刻板,版式趋向规范化,开创了册页蝴蝶装的新型书籍装帧形式,书籍的刻印质量达到历史高峰,宋代刻本是历代刻本中最为精美的。中国最早的小说总集是宋太宗太平兴国年间(976～983年)的《太平广记》,共有500卷,分92大类。我国的类书之冠是宋太宗时的《太平御览》,共1 000卷,分为55门。在唐及五代,佛教印刷还只限于单卷佛经及佛像,到宋代则出现了佛经总集的刻印。宋太祖开宝四年(971年),在成都开始刻印《大藏经》,又名《开宝藏》,共雕版13万块,印行1 076部,5 048卷,费时12个春秋。这是我国印刷史上由政府组织刻印的第一部佛经总集,如此浩大的刻书工程堪称当时世界第一。中国历史上第一次由民间集资刻印的《大藏经》又称为《崇宁藏》,刻印于福州城外的东禅等觉院,由住持冲真大师等通过募捐、化缘集资刻印,自元丰三年(1080年)始,历时23载,共计500余函,6 434卷,其规模超过《开宝藏》。坊刻始于北宋,盛于南宋,北宋蜀地费氏进修堂所刻的《资治通鉴》,南宋蜀地所刻的《三苏先生文集》《太平御览》等也都传播天下。南宋时期是私刻活动的旺盛时期,名家名刻不断出现,著名的有陆游儿子所刻的《渭南文集》、廖莹中所刻的《昌黎先生文集》和《河东先生文集》、周必大所刻的《欧阳文忠公集》等,对宋代文学的传播起到了巨大的推动作用。

明代是中国古代出版业发展的兴盛时期,也是中国通俗小说的大发展时期。明王朝对书业的鼓励,不仅使官刻极盛,民间坊刻也十分活跃,而最为辉煌的则是私刻。私家刻书选本精良,精雕细刻,种类包罗万象,其中通俗小说的价格最高。明代通俗小说虽然很贵,但读者是面向大众的,所以作者和刻印者在"适俗"上大做文章,请名人作序、点评,加注释、绣像。中国古代四大文学名著中,除了《红楼梦》,其余三部都是明代刻印的。大规模的刻书活动，使得通俗文学作品的传播在明代出现了高潮，对明代通俗文学的繁荣影响巨大。

清代前期继承明代的特色，刻印业延续着明代的繁荣。官刻以武英殿、国子监和官书局三管齐下，而以武英殿为最，称为“殿本”。武英殿刻印图书开始大规模地使用铜活字和木活字，其中铜活字的代表作是雍正时印制的《古今图书集成》100部，而乾隆时则大规模使用木活字印制图书，称为“武英殿聚珍版丛书”，乾隆十五年(1750年)还彩色套印了《御制唐宋诗醇》。私家刻书更是繁盛，刻书家为保存古籍传名后世，多刊刻大部头丛书，推动了清代学术的昌盛。

活字印刷600年

活字印刷术出现之前，雕版印刷术已经广泛使用，但其最大的缺点就是每印一种书就要重刻一次印版，耗费大量的人力物力。雕版过程中，刻错字在所难免，时常因刻错一字而废掉一块木板。有没有一种更简便、更经济的制作印版的技术呢?

唐代后期，出现了用单个佛像印连续重复印制的千佛像手卷。英国博物馆藏有一幅这样的手卷，全长5.18米，上面印着468个佛像。对刻错的字，聪明的工匠补救的办法是用凿子挖掉错字，再用同样大的木块刻好字补上。毕昇发明的活字版，既继承了雕版印刷的某些传统，又创造了新的印刷技术：改用活字版印刷，只需雕刻一副活字，便可排印任何书籍，活字可以反复使用。活字版的第一代产品是用胶泥刻烧成的泥活字，后来又出现了木活字、铜活字、锡活字、铅活字。活字印刷术的发明，是印刷史上又一伟大的里程碑。

北宋著名的科学家沈括晚年所著的《梦溪笔谈》详细记载了毕昇发明的活字版及其工艺概况。庆历年间(1041～1048年)，熟悉雕版技术的印书铺工匠毕昇，用胶泥制作活字，经火烧后使其坚固，按韵排列存放。活字呈片状，排版前先在铁板(后人多用铜板)上铺以松脂、蜡与纸灰的混合材料，排好一版活字后，将铁板加热，再用一平板压字面，以便将全部活字粘于铁板上，并保证字面平整，以利于印刷。印完后，再将活字拆开退放原处，以便下次使用。为了提高效率，可用两块铁板交替使用。毕昇发明的活字版，已具备了完整的工艺技术。后来毕昇研制的这些泥活字被沈括的侄子所收藏。宋光宗绍熙四年(1193 年),周必大在潭州用“胶泥铜版”印其自著《玉堂杂记》。12 世纪中期,西夏开始使用泥活字,流传至今的西夏泥活字版及木活字版印本有《德行集》《大乘百法明镜集》等多种版本。

元朝大德元年(1297～1307 年),时任旌德县尹的农学家王祯亲自设计并雇工刻制木活字 3 万多个,并设计制成转轮排字架,使活字排版更为简便、迅捷。他使用此法排印了《旌德县志》和他的巨著《农书》,并将木活字版工艺详细写成《造活字印书法》一文,附于该书之末,这是历史上最早的全面论述木活字版工艺的著作。《农书》中还记载了 13 世纪后期已有人使用锡活字,这是关于金属活字的最早记载。王祯设计的转轮排字盘、活字按韵排列法及木活字制造法等,对木活字排版技术的发展做出了不可磨灭的贡献。

明代活字印书盛极一时,金属活字印本比木活字更加普遍,尤以无锡一带铜活字、锡活字使用较多,以无锡华燧的会通馆排印书的时间最早,数量最多。华燧是一位精通校对的印书家,自弘治三年(1490 年)至正德元年(1506 年),16 年间共刊印 15 种之多,其中包含有大家熟知的《容斋随笔》42卷。明代著名的活字版文集《太平御览》是一部千卷的鸿篇巨制,足以说明了当时活字印刷技术已相当成熟。

清代的活字版印刷最发达,尤为突出的是政府采用铜活字和木活字大量印书,印行规模超过历代。康熙至雍正年间,武英殿刻制宋体铜活字大小各一副,约 25 万枚,排印了大型丛书《古今图书集成》,这是历史上规模最大的一次铜活字印刷。乾隆三十八年(1773 年)始,历时 3 年,共刻制枣木活字大、小各一副,共 25 万多个,排印《武英殿聚珍版丛书》,这是历史上规模最大的一次木活字印刷。乾隆四十三年(1778 年),用木活字排印《武英殿聚珍版程式》,这是历史上第一本政府出版的印刷技术专著,也是第一次由政府颁布活字的规格标准。清代民间活字版印刷十分活跃,泥活字、木活字、铜活字、锡活字都有使用。

自 1241～1844 年的 600 年间,我国的活字印刷术为中国传统文化留下了大量有据可查的珍宝。

谷登堡其人

约翰内斯·谷登堡(Johannes Gensfleisch zur Laden zum Gutenberg)于1400年出生于德国美因茨市的一个商人家庭，1468年2月3日逝世于美因茨。谷登堡是西方活字印刷术的发明人，生前是德国美因茨市一位具领导地位的公务员。

谷登堡的近代铅活字印刷术是在毕昇发明的泥活字印刷术的影响下所创制的。早在1041～1048年间，北宋毕昇在我国雕版印刷的基础上已经发明了泥活字，从造字、排版到印刷都有明确的方法，其工艺原理与现代的活字印刷十分相似。欧洲最早使用活字印刷的，便是德国人谷登堡，大约在1440～1448年间，比毕昇晚了400年。谷登堡年轻时曾学金工，1438年开始研究活字版印刷术，并与人合作建立了活字版印刷厂，秘密研制由铅、锑、锡三种金属熔合铸造铅活字。1448年他成功地使用了自己发明的铸字盒和冲压字模浇铸铅合金活字。由于科学合理的配比，使得铸造铅活字更加快捷方便而且硬度增加，可以被重复使用，这是过去木刻的印版无法做到的，从而降低了成本。他还发明了油脂性印刷油墨，并根据压印原理制成木质印刷机械以代替手工印刷，大大提高了印刷速度。1454～1455年谷登堡采用自制活字字模浇铸铅活字排版，印刷了42行拉丁文圣经，后人称之为《谷登堡圣经》。当时装订成书180册，40本印刷在羊皮纸上，另外140本则印刷在纸上，每册有1 282页，每本都是一样完好而美观，尤其是此书的排版令人赏心悦目，其中49份尚存于世。迄今为止，《谷登堡圣经》仍被认为是印刷艺术的珍宝。

清嘉庆十年(1807年)，英国派遣新教传教士马礼逊来华传教，急需中文圣经。马礼逊在广州秘密雇人刻制中文字模，制作中文铅活字，史学界视其为西方近代印刷术传入中国之始。在计算机排版技术流行以后，由于铅活字中含量最大的铅对人体有害，以及活字印刷术工艺上的不足，铅活字已逐渐被淘汰，进入了印刷历史的博物馆。

谷登堡的贡献，不仅在于他发明了铸造活字的铅合金、冲压字模、铸字盒、油脂性油墨和木制印刷机，更重要的是提出了一整套印刷工艺流程，为现代金属活字印刷术奠定了基础。中国古代印刷术完全是以人的手工技艺为特征进行图文印刷，而谷登堡所发明的近代印刷术则是由人来操纵动力机械进行印刷。谷登堡无疑是伟大的工匠，他对印刷系统进行的改进，使得低成本、大规模、快速印刷成为现实，所以在整个欧洲普及得非常快。据统计，随后的50年中，用这种新方法就印刷了3万种共1 200多万份印刷品。谷登堡的发明导致了一次文化传媒界的革命，成为诱发近代工业革命的重要因素。西方各国以此为先导，在文艺复兴和工业革命的推动下，开创了以使用机械为基本特征的世界印刷史新纪元，迅速地推动了西方科学和社会的发展。

印刷技术的生辰八字

公元前4世纪，战国时代就有了印章，这是印版的前身。

汉灵帝熹平四年(175年)，政府立石将重要的儒家经典全部刻于石上，作为校正经书的标准本。民间为免抄书之劳，发明拓碑法，这是印刷方式的萌芽。

7世纪，印章与拓碑两种方法逐渐融合，我国劳动人民发明了雕版印刷术。

唐贞观十年(636年)，唐太宗下诏刻印长孙皇后的遗著《女则》，这是目前发现的最早记载使用印刷术的文献。

645年，唐玄奘法师从印度取经回长安后，大量印刷普贤菩萨像施送四方。

唐开元年间(713年)，雕本《开元杂报》问世，这是世界上最早的报纸。

唐咸通九年(868年)，举世公认的雕版印刷精品《金刚经》经卷问世，这是现存于世的最早的、有确切日期、图文并茂的印刷品，是中国雕版印刷的集大成者。

唐代中后期出现了我国历史上第一次印刷高潮，寺院印刷和民间印刷十分活跃，用单个佛像印版连续重复印制的千佛像手卷问世。

五代时期，社会上刻书大为流行，不但民间刻书，官府也开始大规模刻印经史子集，对雕版印刷业的发展推动极大。

宋代，雕版印刷极为昌盛，刻印了《释藏》《道藏》《资治通鉴》等巨著，技术日臻完善，为活字印刷术的发明提供了经验和借鉴。

宋仁宗天圣元年(1023 年),官府印发纸币,称为“交子”,是世界上最早的纸币。

1041～1048 年间,北宋刻书工匠毕昇在雕版印刷术的基础上发明了泥活字印刷术,是印刷史上又一伟大的里程碑,比德国谷登堡铅活字印刷术早400 年。

宋光宗绍熙四年(1193 年),周必大在潭州用“胶泥铜版”印其自著《玉堂杂记》。

12 世纪中叶,西夏开始使用泥、木活字印书。现存最早的木活字印本是1180 年的西夏文佛经《吉祥遍至□和本续》。雕版印刷术还经由新疆传到波斯、埃及、欧洲。

1297～1307 年,元朝农学家王祯自制木活字 3 万余,制转轮排字架,发明活字按韵排列法,排印《旌德县志》和《农书》,并写成历史上最早论述木活字版工艺的著作《造活字印书法》。

1377 年,韩国清州兴德寺最早使用铜活字印出《佛祖直指心体要节》,比德国古登堡铅印版的《圣经》早 70 年,被联合国教科文组织认定为世界最古老的金属活字印本。朝鲜还创造了铅活字、铁活字等。

1440～1448 年间,德国人谷登堡发明铅沽字印刷术,包括铸造活字的铅合金、冲压字模、铸字盒以及油脂性油墨和木制印刷机一整套印刷工艺流程,为现代印刷术奠定了基础。随后活字印刷术迅速传遍欧洲。

1490～1506 年前后,无锡人华燧的华氏家族使用铜、锡活字印制了大量书籍如《容斋随笔》《太平御览》等鸿篇巨制。明朝是活字印刷术使用的高潮期,上承宋、元,下启清初。

清康熙五十五年(1716 年),我国历史上唯一由皇帝作序的字典《康熙字典》由武英殿刻印,共收录 47 035 个字。《康熙字典》社会影响巨大,它的体例也成为后世出版字书的蓝本。清朝的雕版印刷与活字印刷并行,清政府采用铜活字和木活字大量印书,印行规模超过历代。后人评曰:雕版印刷术始于唐朝,扩于五代,而兴于宋,盛于明清。

雍正四年(1726)始,武英殿用铜活字排印《古今图书集成》的初版,绘图部分木板刻印,共印成 65 部,分装 5 020 册,是历史上规模最大的一次铜活字印刷。

乾隆三十八年(1773年)始,刻枣木活字25万枚,排印《武英殿聚珍版丛书》,是历史上规模最大的一次木活字印刷。

乾隆四十三年(1778年),用木活字排印《武英殿聚珍版程式》,是历史上第一本政府出版的印刷术专著,第一次由政府颁布活字的规格标准。

1796年,德国的塞纳菲尔德发明石印术,现在广泛应用的平版胶印即以石印术原理为基础,后人尊称他为"平版印刷之父"。

清嘉庆十年(1807年),英国传教士马礼逊在广州组织制作中文铅活字,西方近代印刷术传入中国,逐渐取代了古老的手工雕版和活字印刷术。

1829年,西方传教士开始将石印术传入中国。1832年,英国传教士麦都思在广州设立了石印所,用石印术印刷中文书籍,从此平印技术的前身——石版印刷术传入中国。

1845年,德国生产出第一台快速印刷机,欧洲开始了印刷技术的机械化时代。

1860年,美国生产出第一批轮转机,随后德国又出现了双色快速印刷机。

光绪十年(1884年)始,清政府设立图书集成印书馆,用三号扁体铅字排印《古今图书集成》的第二版,绘图部分为石印。

光绪十六年(1890年)始,上海同文书局用石版印制《古今图书集成》第三版。

1900年,德国制造出第一台六色轮转机,印刷业进入高速、多色的机械化时代。

1915年始,商务印书馆引进平版印刷机和多色轮转印刷机,中国民族印刷业进入中兴时期。

20世纪中期,照相制版术引入我国,取代了手工绘制彩色图形图像印版,此工艺一直沿用到20世纪70年代。

1934年,《古今图书集成》的第四个印本,由上海中华书局根据康有为所藏铜活字原印本、用照相制版术缩小影印。

1950年,德国出现了第一台滚筒式四色电子分色机,电子技术、激光技术开始进入印刷领域,电子分色制版技术60年代引入我国,70年代在全国推广普及。

1984 年，北大教授王选课题组研制的华光Ⅱ型激光照排机问世，翌年荣获第 14 届日内瓦国际科技发明与新技术展览会奖牌。计算机技术开始应用到活字制版领域并在国内推广，中国出版业正式告别铅与火，迎来光与电。

1985 年，美国研制出功能强大的彩色桌面出版系统，迅速风靡全球印刷业，90 年代在我国普及。

20 世纪末至 21 世纪初期，印刷业感兴趣的已经是 CTP 技术，即从计算机控制的图文信息直接到印版、印刷机。尽管此类设备价格昂贵，仍因其所具有的高速度、高质量、高效率、高品质而受到青睐，近年在我国印刷界内已成燎原之势。

印刷术的发明带来了文化的普及和生活质量的提升，有诗赞曰：

禁锢在独卷手抄书内的思想，
无法传扬到四面八方！
还缺少什么？
飞翔的本事？
大自然按照一个模型，
创造出无数不朽的生命，
跟它学吧，
我的发明！

最适合印刷的字体——宋体

我们在电脑上打字的时候经常要选择汉字字体，文本正文通常会选择什么字体呢？这本书中使用的又是什么字体呢？

我们现在读到的这些文字通常是宋体字，因为端庄凝重的宋体字是目前中文字体中最适合印刷的字体，所以书籍绝大多数的正文都是用宋体字印刷的。中国文化上下五千余年，有丰厚的文化积累，在汉字历史的发展长河中出现过各种各样的字体，而什么字体既能够代表华夏民族的文化特征，同时又适合于印刷和阅读呢？首选便是宋体。

宋体字的特点是：横平竖直，横细竖粗，起落笔有棱有角，笔画硬挺，字形方正平稳，对称均衡，端庄典雅，舒展大气。宋体字的间架结构保留了唐楷的书法美学特点，却又比唐楷更方正，更便于刻制加工。起落笔的棱角，应是宋体字最明显的标志，这是刻刀留下的韵味，这种刀刻的痕迹在传统的印刷过程中，借助于中国印墨和纸张的特点及印刷压力，使印刷品上字的棱角圆润浑厚起来，更加美观耐看。把楷书的书法艺术和雕版的刀刻韵味融合在一起，这是宋体字的典型特征。

中国最早的文字和世界其他文字一样，最初都是以象形来表意的。汉字经历了从甲骨文、金文、大篆、小篆、隶书、草书、楷书至仿宋体、宋体字的演变过程。从秦始皇发布"书同文"政令在全国推行"小篆"起，在民族心理、文化上统一了中华民族。汉代时小篆又逐渐简化成隶书。毛笔的普及把篆书的图画性抽象化，并初步形成了构成汉字基本要素的点、横、撇、捺、竖、提、钩、折的笔画特点及方块字形的外形特征。汉字在向整齐方正、简约明朗的程式化方向发展，随之出现了楷书。唐宋时代，起初常由书法家书写楷书后直接反印于木板上临刻。刻工们对书法家十分敬重，所刻字体尽可能地保留了浓厚的正楷书法风格，这种字就是今天我们称之为"仿宋体"的前身。在后来的刻板过程中，刻工们总结了一套快速刻字的方法，以唐代欧、颜、柳三大书法名家的楷书为临刻原本，充分利用刻刀和木版材质的特点，对唐楷进行归纳化处理，在用最少刀功、最快速度的前提下，刻写出楷书的特征，形成了宋体字的前身。明代在印刷字体方面成就最大的是"宋体"的确立。明代中期，宋体字已很成熟并普及。万历四十八年(1620 年)刻本《孙子参同》一书的字体，不但宋体字的特点更明显，字体的结构也很严谨，艺术性和阅读性都达到了很高的水平。在此基础上经过清代不断完善和推广应用，最终宋体成为今天占统治地位的汉字印刷字体。

由此可见，宋体字的演变过程，是通过雕版印刷技术从书法正楷到仿宋体再到宋体的。为什么产生于唐宋先于宋体字的仿宋体字，会被叫作仿宋呢？原来这是我国进入铅活字印刷时期的事情。1916 年我国著名的书法家、篆刻家丁辅之和丁善之两兄弟参考北宋古刻善本仿写制作了一套铸字字库，当时命名为"聚珍仿宋体"，仿宋体字的名称便由此而来。仿宋体和宋体在笔画上是有所区别的。宋体字因刻刀刻写的关系，某些字、某些笔画是特别设计的，因而不适合用硬笔书写。今天，仿宋体已成为我国的硬笔正字，而宋体由于巧妙合理地把中国书法的艺术魅力用刻刀及传统印刷术的形式反映出来，当之无愧地成为汉字印刷正体和中国文化的表征。

印刷术是如何传遍全世界的

印刷术是一项对人类文化事业和社会发展具有极大影响力的伟大发明，自发明之日起，通过各种渠道，如政府间外交、宗教交流、各国贸易往来甚至包括战争，由中国传到西亚、东南亚、欧洲，进而传向世界各地，对促进社会发展、繁荣人类文化发挥了积极作用。世界各国的印刷术，都是从中国直接或间接传播过去的，或者是在中国印刷术的影响下产生和发展的。

中国印刷术最先传入朝鲜。唐朝时，朝鲜经常派学生来华学习，回国时带走大批书籍，同时也学到包括印刷术在内的先进技术。朝鲜最早是用印刷术刻印佛经，1007 年刻印的《宝箧印陀罗尼经》为朝鲜半岛最早的印刷品。1011 年和 1237 年，朝鲜皇室两次刊刻《大藏经》，第二次的《高丽藏》全书 6 791 卷，一直保存至今。同时，还刻印了《两汉书》《本草备要》等大批中国的儒家经典、史书、医书。朝鲜不但用泥、木活字印书，还有所发展与创新，用铜、铅、铁活字印书，最有成就的是从 1403 年开始大量铸造铜活字，为印刷术的推广做出了可贵的贡献。

日本与中国隔海相望，古代时使用汉字，崇信佛教和儒家思想，学习中国的典章制度。754 年，鉴真大和尚一行历尽艰辛东渡日本，传授佛教和包括印刷术在内的许多技艺。764 年，日本调动全国工匠 31.5 万人，六年间刻印《陀罗尼经》100 万卷，分藏于 100 万座木塔内，置于十大寺院中，以求护国驱恶，至今尚存。983 年，宋太宗将刻印不久的佛教经典《开宝藏》一部赐给日本僧人大周然，此后，在笃信佛教的日本，雕版印刷日益兴起。元末明初，50 多位中国刻工到日本从事刻书业，带动了日本印刷业的发展。16 世纪末，丰臣秀吉侵占朝鲜平壤时，把朝鲜铸造的铜字劫往日本。1593 年，日本仿制出木活字印成古文《孝经》一卷，活字印书法很快推广开来。

与此同时，东南亚的越南、菲律宾等国，与中国山水相连或隔海相望，政治、经济、文化交往频繁，他们用汉字，尊儒学，兴科举，信佛教，向中国派遣大批留学生和佛教徒，带回去大量佛经和经、史、子、集各类书籍，也带回了中国的印刷术。随后印刷术又传至泰国、马来西亚、柬埔寨等其他南亚国家。

中国印刷术很早就经新疆传到中亚一带，与宋代同期的西夏已经采用了木活字印刷。13世纪时，处于东西文化交流枢纽的回纥与波斯国已熟知中国印刷术，他们在雕版印书的基础上，于1300年前后开始用木活字印书，还模仿中国印造纸币。波斯首相拉斯特·埃丁1310年完成的《世界史》中，对中国印刷术有详细的记载。

中国的雕版印刷术是通过来华的使臣、商人、传教士、旅游者甚至军队传入欧洲的，随后影响了非洲、美洲、大洋洲。印刷术西传欧洲经由两条路线：通过中亚、西亚到欧洲的丝绸之路和通过俄罗斯。

12、13世纪之间，十字军东征和蒙古军队进攻欧洲的战争，推动了东西方经济、文化的交流，也曾把东方的纸币、纸牌、版画、书籍等印刷品传到欧洲。元朝时，来华的欧洲人在游记中对中国的纸币及市面流行的纸牌做了详细记载。14世纪末，欧洲最早的印刷品是德国纽伦堡出版的宗教木刻版画和纸牌，接着开始刻印书籍。此时雕版印刷术在欧洲已相当普遍，为谷登堡的发明奠定了基础。

在中国应用雕版印刷术800年、发明活字印刷术400年后的1441～1448年间，德国人谷登堡发明了铅合金活字印刷术。

照相术的发明使印刷术如虎添翼

1839年8月19日，巴黎天文台台长阿拉戈在法兰西科学院和美术学院联合大会上，将法国画家达盖尔的照相术公布于众，从此，这一天被世人定为照相术的发明日。

早在达盖尔之前，1813年，法国的涅普斯便开始了感光性石印术的研究，尝试用涂有感光性物质的石板经日光照射制作照相印版，但没有获得成功。1822年，涅普斯发现了一种沥青具有感光性能，阳光晒后会变色，以它为感光剂，发明了“太阳光绘图”的沥青照相术，称之为“日光胶版术”。涅普斯1826年曝光8小时拍摄的自家窗外景色的照片，现存于美国得克萨斯大学，是世界上最古老的照片。

1824年，法国画家达盖尔开始了以碘化银为感光剂在暗箱内曝光的尝试，晴天中午曝光，约需20分钟。1829年，达盖尔开始解决显影、定影等一系列技术难题，10年后“达盖尔照相术”方获成功。现存最早的达盖尔照相作品，是1837年制作的名为《艺术家工作室》的图片，图像生成于镜状银板上，一次只能得到一幅正像，该照片现由法国摄影协会珍藏。达盖尔所著《达盖尔照相术与幻视画的技术沿革及细节》一书，在法国内外引起轰动，4个月内再版29次，并被译成6种文字。

1841年，英国的塔尔博特研制的“碘化银相纸照相法”获得专利，人称“塔尔博特照相法”，特点是感光时间短，一张负片可晒得多张正像。直至今天，我们仍在采用负～正片的照相程序获取各种黑白或彩色照片。

1851年，英国的阿切尔发明了“胶棉湿版法”，此法要求在玻璃板上涂满感光液并在湿润的情况下尽快完成摄影、显影程序，否则感光液一经干燥，感光度会迅速下降。由于价格低廉、曝光快(只需10秒左右)、图像质量高而稳定、可获得多张正像，很快就取代了银版照相术。

1880年，采用溴化银明胶乳剂作感光材料的明胶干版法又取代了风靡一时的胶棉湿版法。从此，世界许多国家都建立起了照相感光材料工厂，生产各种感光胶片，照相术迅速渗透到各行各业，人类生活更加丰富多彩。

1855年，法国出现了照相铜版和照相锌版，简称铜锌版。照相铜锌版是照相术应用于印刷制版的产物，19世纪末传入中国，使凸版印刷术前进了一大步。

1882年，德国发明照相网目版，产生了单色、双色、三色、四色照相网目调印版，为彩色印刷复制的发展开辟了广阔前景。

20世纪初期，照相制版术传入中国，工人用制版照相机对各种彩色原稿进行分色、挂网，完全靠经验来制作分色湿片(棉胶湿版)或干片(照相胶片)，比传统的手工绘制雕刻套色印版速度更快，复制质量更高，很快风靡全国。但由于不稳定因素多、周期长、损耗多等缺陷，随着电子技术的发展，终于在20世纪70年代被电子扫描分色机取代。

照相术的引入给印刷业带来了很大的便利，它使印刷前期的图文制版技术彻底摆脱了手工刻制操作，无论是制作速度还是印刷质量，都得到了质的飞跃。尽管它在印刷业的辉煌仅有百余年，但它的历史作用是不应忘记的。

印刷的族谱

若论起印刷的家族来，成员可真是济济一堂，而且随着时代的发展人丁越来越兴旺。给它们分家的标准可以有很多种，传统的印刷总要有印版，所以传统分家一般也都是根据印版的版面结构特点来分，可以把它们分为四大家族：

(1) 凸版印刷：凡是印版的图文部分凸起于版面之上，在图文处涂布油墨，在压力的作用下使图文印迹传递到承印物表面的印刷方式，均称为凸版印刷，是属于直接印刷的类型，也是历史最悠久的一种印刷方式，是从我国古代图章的使用方式演变而来的。凸版印刷的产品有书刊杂志、商标、包装装潢材料等。20世纪70年代以前主要使用铅版印刷，因为劳动强度大、印版耐印率低、污染环境等，已经被激光照排制版工艺和感光树脂版所取代。20世纪70年代引进的柔性树脂版印刷，因制版操作简单、成本低、耐印率高、质量较好，尤其是环保型的水性油墨代替了过去污染性的苯胺墨，已在包装印刷领域内占据很大市场。

(2) 平版胶印：平版胶印所用的印版，图文和空白部分几乎处于同一平面，利用油水不相混溶原理，让图文处得到油墨，然后通过橡皮布转移到承印物表面。业内习惯上把平版印刷称为胶印，因为它是采用橡皮布转印的间接方式印刷。它可对文字、图像的阶调和颜色进行完美复制，又可实现双面、高速、多色印刷，是质量和效率兼备的印刷方式，在多种印刷方式中最受青睐。胶印产品包括书籍、报纸、画册、广告、商标、挂历、招贴画等。据统计，目前胶印产品占到全部印刷品的80%左右。

(3) 凹版印刷：凹版印刷与凸版印刷刚好相反，它的图文部分凹入，空白部分与版面持平。图文处接受油墨，先由刮墨刀刮去空白处油墨后，经过印刷滚筒的压力作用，将图文处油墨转移到承印物表面，得到印刷品。这是一种印刷高质量产品的直接印刷方式。由于制版成本较高，凹版印刷适合印制高品质、印量大的稿件，如精美画册、纸币、有价证券、烟盒、各种纸制品和塑料制品等。

(4) 孔版印刷：又名滤过版印刷。孔版印刷使用誊写版、镂空版、丝网版等印版，油墨从版面图文处网孔漏过，在承印物表面复制成图文，是一种直接印刷的方式，丝网印刷是孔版印刷的典型代表。此种印刷方式的特点是墨层厚实，可以在多种质地和外形的承印物上印刷，应用非常广泛，主要用于电路板、各种织物、商业广告、包装装潢材料等的印刷。

假如我们按照印刷材料、产品特点、产品用途来分的话，还可以有一个大家族：特种印刷。特种印刷成员包括：金色和银色印刷、电化铝烫印、凹凸压印、模切压痕、金属印刷、不干胶印刷、上光贴塑、立体印刷、发泡印刷、喷墨印刷、全息印刷、珠光印刷、静电植绒印刷、磁性印刷等等。

我们欣喜地发现，随着电子技术、计算机技术和网络技术的惊人发展，数码印刷及多媒体技术（例如电子传媒、电子图书和电子纸张）又成为印刷业大家庭的新成员。

好看不能吃的饾饤——套版印刷

套版印刷术是在单色雕版印刷术的基础上发展起来的一种多色印刷方法，也是中国对世界印刷史的一项重大贡献。

普通雕版印刷一次只能印出一种颜色，或黑，或朱，或蓝，称为单色印刷。套版印刷则是在同一张纸上印出几种不同的颜色，具体做法是先将需要不同色的部分分别刻成着色部分不同的印版，逐次套准后刷上不同颜色印到同一张纸上，这种技术也称为“整版套印”。因为印版形似民间一种名曰饾饤的五色小饼，故名“饾版”。用这种方法印出的书籍称为“套印本”。在套版印刷发明的初期，主要用红、黑两种颜色印刷，以这种方法印出的书籍称为“朱墨套印本”，或叫“双印”。后来发展到用三色、四色、多色来套印，根据用色数的多少，印出的书被称为“三色套印本”“四色套印本”等。

套印书籍的出现源于古代的写本书时期。1 世纪时，古人用手工抄写，为方便阅读和页面美观，采用了红、黑两色或多种颜色来抄书、写书。东汉时期贾逵撰写《春秋左氏经传朱墨列》，说明他已采用红黑两色来分别书写正文和批注。6 世纪时，有人将《神农本草》与陶弘景《本草集注》抄写在一起，用红色抄原文，黑色写注解。

雕版印刷术普及之后，一版一色，难以区分不同的内容。而图书的著述方式越来越多样化，除注释之外，批点、批语、批抹、评注等形式开始兴盛起来。最初，是在印刷本上用阴阳文对此加以区别。宋代刻的《本草神农》与《本草》的合印本，以神农原文用阴文白字，名医别录用阳文墨字。也有人尝试用大字单行印经文，小字双行印注解，或用墨围、括号另起行等，但终究不如以不同颜色来区分效果更好。

套版印刷发明于14世纪的元朝。元顺帝至元六年(1340年),湖北江陵资福寺刻印的《无闻和尚金刚经注解》是中国现存最早的朱墨两色套印本,现收藏于台湾。其经文为红色,注解为黑色,卷首刻有灵芝图也是两色相间的。

由于套版印刷技术比较复杂,比单色雕印费工费时,成本也高,元朝时并未推广开来。直至明代后期,经济文化繁荣,雕版印刷技术更加纯熟,多色批点古书的风气盛行,套版印刷开始登堂入室。当时有著名文人对套版印刷的意义给予极高的评价,将其与冯道推行雕印儒经、毕昇发明活字印刷相提并论。现存明代最早的套版印刷书籍是1602～1607年万历年间刻印的《闺苑十集》,自秦至明朝的《列女传记》,每人一传一图,以墨版印原文,以朱色印批注。

明代万历天启年间,反映市井生活的戏曲小说风行,书中多附木刻插图,还涌现出一批以图为主的绘画教学范本和供人欣赏的版画集,如《集雅斋画谱》《雪湖梅谱》等,其中尤以徽州的刻工技艺最为出色。绘画、雕版和印刷技术的融合,逐渐完善了彩色套版印刷,使雕版印刷术发展到巅峰。现存最早的饾版印本是明天启六年(1626年)颜继祖在金陵印制的《萝轩变古笺谱》上、下两册。

套版印刷术现在仍被广泛应用于现代彩色印刷领域,目前占领印刷业份额最多的平版胶印使用的四色印刷工艺,便是继承并改革了套版印刷术的产物。

艺术嫁给了技术——木版水印

木版水印是我国特有的古老印刷方式——雕版印刷,人称印刷业的“活化石”。它的制版和印刷完全是凭借简单的工具和手工来进行,用雕刻的木版和我国传统国画绘画用的颜料和宣纸,以手工印刷的方法完成。

木版水印能逼真地复制出中国画中的水墨画、彩墨画、工笔重彩画所特有的风格,达到惟妙惟肖的程度,这是现代其他印刷方法难以企及的。但木版水印生产周期长,成本高,效率低,现代只用于复制少量名家名作或制作特色年画。

木版水印的生产主要分三道工序:勾描→刻板→印刷,从业人员要熟知绘画技法，还要有熟练的操作技术，才能复制出国画原稿特有的风格韵味。

(1) 勾描：勾描是木版水印的基础。为如实再现原作风貌，先用透明又不透水的胶纸蒙在原作上，把画面上的点、线、色块以及题字、印章如实勾描下来，再用半透明的薄纸蒙在勾成稿子的胶纸上，对照原作根据不同的色调色相，分别描成一张张单色画稿，原作上有多少颜色层次，就描成多少张稿子，每张稿子刻成一块木板。

(2) 刻板：雕刻选用表面刨得平整光滑的梨木板，将勾描好的稿子分别粘贴在木板上，待干后用刻刀在木板上进行精雕细刻，分别刻成单色印版。一幅画根据其繁简和用色层次的多少，分为几块、十几块甚至上千块版。1979 年，荣宝斋在复制五代大画家顾闳中的国宝级名作《韩熙载夜宴图》时，曾刻板 1 667 块套色印刷。

(3) 印刷：将选好的纸张或画绢固定在印案的一端，再把雕刻完成的木版，用松香和蜂蜡配制的黏合剂固定在印案适于印刷的位置，再在木版上刷色转印到承印材料上。

印刷时所用的色料是中国画颜料，上色的工具是棕刷，上色时的色调浓淡应与原画相同，对绘画中的一些微妙的浓淡变化，全靠印刷者运用不同颜色或不同深浅的颜色，加在一套木版上予以解决，这种工艺在木版水印术语中叫“楂”色。印刷时一块木板印完再换另一块，直至这幅画的所有套版印完。

复制名家名作时还要将复制品精心装裱，起到保护、装饰画面和便于悬挂的作用。装裱是运用宣纸、织锦、绫、绢等把木刻水印复制出的画裱成横批、立轴、册页等特定形式。

唐代以来，中国雕版印刷几乎完全使用水墨，文图皆黑色。元代出现朱墨两色套印的《金刚经注》。明代后朱墨套印被推广，并有靛青印本及蓝朱墨 3 色、蓝黄朱墨 4 色、朱墨黛紫黄 5 色套印本。清代中叶又有 6 色本，主旨为在书眉上加批语，行间加圈点，每种颜色代表一家批注或评点。图画的彩色套印最初是在一块版上涂几种颜色，如花上涂红色、枝干涂棕色等，然后覆纸刷印。稍后，发展为数种颜色分版套印的饾版印刷法。

汉族按传统习俗在春节张贴的年画常采用木版水印法。木版年画的著名产地有苏州桃花坞、河北杨柳青、山东潍坊杨家埠、四川绵竹等四大家，皆始于明代后期，盛于清代雍正至道光年间。桃花坞年画风格细致；杨柳青年画受历代院体画影响，画风工整写实；潍县年画线条简练刚劲；绵竹年画讲求对称饱满。

我国书画界的“南朵北荣”，是指上海朵云轩与北京荣宝斋两家百年老字号，他们充分继承和发扬了中华民族古老文化这一绝技，复制古今名画多种，酷肖传神，享誉中外。1959 年，荣宝斋的木刻水印作品曾荣获莱比锡国际书籍印刷装帧金奖。

放大了的印章——凸版印刷

凸版印刷是指印版的文字和图形部分凸出于版面的印刷方式，追溯其前身，便是中国古老的雕版印刷，可以把它的印版看成是一个大印章，只是盖印的方式用印刷机代替了手工操作而已。

凸版印刷一千多年的演变过程主要体现在印版版材、制版技术和印刷机械的变化。古代的凸版主要是木刻印版、木活字版、泥活字版和金属活字版。近代凸版印刷则是铅印凸版、感光树脂凸版及照相铜锌版。

自 1807 年开始，我国印刷业逐渐放弃了木刻印版的手工操作，改用铅活字版，按照文稿的要求排版后放置在印刷机平台上，紧固后进行印刷。这种铅活字版耐印率只有 1 万～2 万印，印量大时还须重新检字排版。后来出现了印速更高的凸版轮转印刷机，印版滚筒是圆的，活字版根本无法装机。

为了改变上述状况，人们发明了先从活字版上打制纸型，用纸型浇铸铅版的复制凸版制版法。首先用薄而韧的雁皮纸一张张地铺在铅活字版上，用毛刷轻轻敲打，使纸面填充活字版字面的低凹处，复制出活字版的凹字版面。在这样的纸型上浇铸融化的铅水，冷却后便可得到同活字版字面完全相同的可平可圆的浇铸铅版。为了提高耐印率，人们还采取了铅版镀铁工艺。

20 世纪 60 年代，国外出现了感光树脂版，利用光化学原理，与照相排字配合，使用感光性高分子聚合物制作凸版，取代铅活字版。70 年代，国内印刷业在推行照相排字技术的同时，引进了感光树脂版，不仅节省了大量的铅、锌、铜等有色金属，而且比金属版更轻更薄，印速更快，还可以使工人摆脱铅金属的毒害。

20 世纪的凸版制版分为文字排版和图像照相制铜锌版两条工艺流程。无论铅版还是树脂版都只解决了文字印刷的问题，遇到图形图像，还需制作铜锌版。如果原稿是具有连续变化的阶调层次的照片或素描，则需要照相制作加网铜版，一般速写、图纸类的线条原稿则照相制作锌版。制作铜锌版时，先照相制出负像底片，用负像底片在涂布了感光胶的铜或锌版上曝光（俗称晒版），然后进行腐蚀处理。铜版使用三氯化铁溶液腐蚀，锌版则用硝酸和盐酸混合溶液腐蚀。

一千多年来，凸版印刷在书刊印刷中占有主要位置，最近几十年中，随着平版印刷的崛起，凸版印刷使用得越来越少。近年来，随着柔版印刷的升温，感光树脂凸版又开始了新一轮的复兴。

异军突起的印刷方式——平版胶印

平版胶印的产品有报纸、书刊、精美画报、商业广告、挂历、招贴画等，它的发展历史虽然只有短短的 200 年，但是在印刷业内可谓是异军突起，统领半壁江山。

平版胶印的印版用手摸上去几乎是平的，图文部分和空白部分肉眼看去也没有高低之分，其实还是有几微米的差别。平版胶印是一种间接印刷方式，利用油、水不相混溶的原理进行印刷。印刷时，先将印版润湿，空白部分亲水吸附水分，形成抗拒油墨的水膜，然后向印版供墨，使图文部分黏附油墨，施加压力后，图文部分的油墨便会由橡皮滚筒转移到承印物表面。平版印刷又名平版胶印，印版与细腻而有弹性的橡皮布接触，既可以准确地传递油墨，又提高了印版的耐印率。

平版胶印印版先后使用过石版、蛋白版、平凹版、多层金属版、PS 版（预涂感光版）等印版。

平版胶印起源于石版印刷术，1796 年，德国的塞纳菲尔德因发明了完整的石版印刷术，被世人尊称为“平版印刷之父”。最初的石印制版叫“绘石”，是用油墨直接把图文手绘在光滑多孔、吸水、质地细密的石版表面，再经化学腐蚀制成石印版。1829 年，石印术由西方传教士带入中国，开始在中国印刷布道小册子等。现存中国最早的石印书刊，是 1838 年英国传教士麦都思在广州出版的中文月刊《各国消息》，仅存两册，现藏于英国伦敦。石版很重，既不便于制版操作，也不便于机器印刷。

20 世纪 50 年代，不少厂家改用锌版代替石版，印版本身轻便许多，但那时的制版工艺只能进行较粗的线条和文字的印刷。当时还流行一种蛋白版，即以锌版为版基，感光胶是用重铬酸铵同蛋白胶配制而成。虽然制作工艺简单，成本低，但是阶调损失大，耐印率仅在 5 000 印以内，所以没有流行开来。50 年代后期出现了平凹版：在锌版上涂布感光胶，用正像胶片晒版，经显影处理后，空白区域硬化形成亲水部分，图文区域腐蚀后凹下 5～10 微米，形成亲墨层。平凹版不仅图文处凹下、墨层厚实，而且耐印率比蛋白版高 5～10 倍，因此一直流行了 30 余年。为了进一步提高耐印率，还使用过多层金属版，版基是由铁、铜、铬多层金属构成，其表面层是硬度很高的铬，耐印率可达平凹版的十几倍。70 年代中期，预涂感光版即 PS 版面世，专业制版厂家将高分子感光聚合物涂布到铝板基上，烘干后包装备用，可以预先批量生产，长期贮存，随时供应印刷厂使用。PS 版的制版工艺简单，使用方便，耐印率高。如果还需要进一步提高耐印力，可经 220℃ 高温烘烤，耐印率可提高到 30 万印左右，20 世纪 90 年代，预涂感光版完全取代了平凹版。

平版胶印机自 1906 年发明至今，发生了翻天覆地的变化：从手工操作发展到数据遥控，从单色机发展到多色机，从低速机发展到高速机，从单面印刷发展到单双面可变印刷，从 A3 幅面发展到双全张幅面，从人工换版发展到自动、半自动换版，从有轴传动发展到无轴传动，目前，已初步实现了从印前、印刷到印后一体化的整合，向一次出成品的方向迈进，印品质量好，印刷效率高，目前平版胶印技术已进入了高速、多色、自动化的新时代。

凸以彰显，凹也迷人——凹版印刷

凹版印刷的主要产品有：钞票、有价证券、邮票、画报、烟盒、壁纸、塑料制品、包装装潢用品等，这些产品墨色鲜艳厚重，质感好，阶调、色彩再现性好，在人类生活中发挥着重要作用。

凹版印刷与凸版印刷的相同点是：都属于直接印刷方式，印版直接接触承印物传递油墨而形成印刷产品；不同点是：凹版印刷的印版图文部分低于印版版面，印刷时先使整个印版表面涂满油墨，然后用特制的刮墨装置除去空白部分的油墨，图文部分的“孔穴”中存留的油墨在较大压力作用下转移到承印物表面。由于印版图文部分凹陷的深浅不同，填入孔穴的油墨量有多有少，这样转移到承印物上的墨层有厚也有薄，墨层厚的地方颜色深，墨色薄的地方颜色浅，原稿上的浓淡层次在印刷品上得到了再现。所以凹版印刷既可复制文字线条原稿，也可复制画面有连续层次变化的各类照片和画稿；既可以印制单色产品，也可以印制彩色套印产品。

凹版印刷使用的印刷机主要是圆压圆形轮转印刷机，即它的印版直接做在滚筒表面，承印物也是夹在圆形的滚筒上，印刷用的承印物不是平面单张的形式，而是圆形卷筒式的，所以凹版印刷速度很高。

凹版制版方式分为雕刻凹版和照相腐蚀凹版两大类。在雕刻凹版中，雕刻方法又可分为手工雕刻、机械雕刻和电子雕刻几种。

手工雕刻凹版与其说是工业生产中的一种制版技术，不如说是制版过程中艺术性的再创作活动。雕刻人员必须具有深厚的艺术素养和运刀如飞的手下功夫，以娴熟的刀法，巧妙地运用点线、深浅、粗细、疏密、曲直的变化再现原稿的神韵。因为它完全是手工的艺术再创作，即使雕刻师本人也难以刻出两块相同的钢板，其作品是不可能再被仿刻出来。因此，手工雕刻被用于有价证券或证照的防伪制版印刷，这在一般印刷厂里是见不到的。

在有价证券或证照的画面中，除了手工雕刻的人物风景等图像外，还有大量的花纹、图案、底纹等装饰性成分，这些图案手工雕刻很难制作，近代使用机械雕刻。1909 年，清政府属下印刷局从美国引进了“万能雕刻机”，只要把原稿图案的有关参数预先设定好，雕刻机便会以它特有的齿轮传动系统带动刀具相对机器做曲线运动，刻出图形复杂、造型美观的图案来。用机械雕刻的花纹衬托手工雕刻的人物、风景，使画面美观和谐，更具防伪性能。

对于连续调彩色原稿的复制，手工雕刻凹版效率太低，20 世纪中叶常借助于照相腐蚀凹版。照相腐蚀凹版的特长在于能以腐蚀网坑深浅的不同反映出原稿连续调层次的明暗变化和颜色的深浅变化，制版速度和精度比手工雕刻大有提高。

20 世纪 70 年代末期，我国从联邦德国进口了第一台电子雕刻机，从此我国凹版制版步入了电子化时代。20 世纪电子技术与制版技术相结合的成功结果，一个是用于平版制版的电子分色机，另一个就是用于凹印制版的电子雕刻机。20 世纪 80 年代正是凹印在包装印刷中大行其道之时，凹印制版大多使用了进口的电子雕刻机:将彩色原稿装在扫描滚筒上,扫描头将光信号转变为电信号,再经模拟信号/数字信号转换处理后,驱动金刚石电子雕刻刀头在印版铜滚筒表面进行扫描,雕刻出大小、深浅不一的凹坑,所以电子雕刻凹版比传统照相凹版在阶调表现力上更胜一筹。自从大量使用电子雕刻凹版以后,照相腐蚀凹版就渐渐淡出了历史舞台。

筛洒一片美丽——丝网印刷

丝网印刷又名绢网印刷、丝漏印刷、筛网印刷、网版印刷等。丝网印刷最初是以蚕丝为网材,目前使用的主要是涤纶丝网和尼龙丝网。丝网印版有点像我们平时看到的筛子,版面上有许多极细小的网孔,油墨透过印版的网孔漏印到承印物上得到印刷品。这种印刷方式起源于中国秦汉时期,距今已有二千余年的历史。当年轰动一时的长沙马王堆出土画卷,便是西汉时用绢网绷到木框上制成镂孔版印出的网印品。

丝网印刷的优点很多,首先是其承印材料范围广泛,不仅限于纸张,还可以是金属、塑料、木材、织物、陶瓷、玻璃、皮革、电子产品等物体;其次是任何有形物体不论大小厚薄,不论质软质硬,不论平面曲面,均可对其进行印刷,承印物尺寸范围可在几微米到几平方米之间;第三是用于丝网印刷的油墨种类越来越多,有适合各种承印材料的溶剂型油墨,又有新开发的水剂油墨和紫外光油墨;第四是墨层厚度可从 1 微米到 300 微米;加之其制作工艺与印刷设备简单,印刷品质日益精良,所以丝网印刷是应用范围非常广泛的一种印刷方式,有人曾形象地称之为“除了水和空气,其余的材料全能使用的万能印刷”,在商业、广告业、装潢业、出版业、纺织印染业、建筑业、电子工业、航空航天业、军工业中发挥着重要作用,几乎每个人的生活都与丝网印刷有关。

第二次世界大战大大促进了网印的发展。1940 年前后,欧美各国出于工业生产尤其是军工生产的需要,提出了印刷电路板和电子部件制作等精度要求很高的重大课题,开始研究采用新的照相制版网印技术,用于电子微型元器件、集成电路、多层印制电路、荧光数码显示器、航天仪表平板显示器等高科技产品的印制。第二次世界大战结束后,在火箭、人造卫星、弱电工业以及其他许多非民用工业部门都加强了对新型网印技术的研究和应用。

至20世纪70年代时，网印在民用工业也被广泛使用。

现代网印的发展在最近30多年间达到了技术成熟阶段，丝网印刷的生产力已经显著提高，由早期的手工操作，逐步走向半自动化和全自动化，丝网印刷机由平网式发展到圆网式，印刷机由单色机发展到多色机。在实际生产中，企业根据不同产品的用途和要求，可选用手动、半自动或全自动丝网印刷设备。

目前丝网印刷发展的趋势是：应用计算机数码技术，促进制版工艺和印刷过程进一步自动化；研造高分辨率的新版材；研制高质、环保、干燥速度快的水剂油墨；制造高速、多色并能保证两面套印精确的丝网印刷机，进一步提高生产效率。

金光闪闪的印刷——印金与烫金

稍加注意，我们便会在烟盒、药盒、化妆品盒、服装包装袋等产品上发现，有些文字、图案金光闪闪或银光灿灿，为商品增色不少。随着人民生活水平的提高，对商品包装装潢的要求也在不断提高。商品包装的设计师们越来越多地采用金色、银色，以获得华贵、精美、喜庆的效果，借此吸引消费者的注意力，提高产品包装的质量和档次。

印刷企业是采用印金（银）或烫金（银）两种方式实现这种特殊效果的。

印金（银）方式是指印刷过程中使用特殊的金墨或银墨。金墨是用金粉与调金油调配而成的。这里说的金粉可不是黄金粉末，那样的话成本就太高了。这里说的金粉是采用铜锌合金粉末合成的，铜、锌比例不同时，金墨的色泽也有所不同。含锌量低时金墨色泽偏红、偏暖，含锌量高时金墨色泽就偏青、偏冷。目前市场上出售的金粉（墨）就有红金粉（墨）、青红金粉（墨）、青金粉（墨）等不同品种。

同样，银墨是由银粉与调银油调配而成的。银粉也不是真正的白银粉末，而是铝粉，我们家庭里的老式暖气片和防盗门窗栏杆好多就是涂过银粉的。银粉颗粒大小不同，所产生的金属光泽也不相同，颗粒较粗的银粉金属光泽较强。

印刷过程中一般选择细度高、漂浮性较低的金（银）粉，这样有利于印刷时与溶剂调配均匀，以获得较好的印刷质量。调配金（银）墨时应根据承印物的性质、气候条件来决定稀稠度，还要适当加一些亮光油等辅助剂，以增强金墨的亲和性、流动性和光泽度，获得更好的印刷效果。此外，选择印刷纸张也很重要，表面平滑、光泽度好、较厚的铜版纸、玻璃卡纸、白板纸都比较适于印刷金(银)墨。为避免金(银)墨层与空气或其他化学物质接触而脱落或氧化变色，应在印刷完金(银)墨及其他颜色后，再印一层亮光油，这在印刷术语中叫作上光，或在印品表面覆盖一层塑料薄膜，叫作覆膜，这样金属光泽更容易显现，给人以艺术美感。

第二种方法是烫金(银)，烫金又名电化铝烫印，主要有两种功能，一是表面装饰，提高产品的附加值；二是赋予产品较高的防伪性能，如采用全息定位烫印商标标识，防假冒、保名牌。

烫金印刷时首先是制作烫金版，一般线条图案和文字可以采用简易价廉的照相腐蚀锌版工艺，精细图文和全息防伪烫金版可以选用电子雕刻铜版工艺。制作好的烫金版装到烫金机上，是利用压力和温度工作的。根据机器施压的机构类型，单张纸烫金机有平压平、圆压平、圆压圆三种机型，目前应用量最大的是平压平机型，最高烫金速度是 5 000 张/小时。圆压圆机型最高烫印速度可达 10 000 张/小时，是目前国际上单张烫金速度最快的设备。

珠光宝气的印刷——珠光印刷

近年来，各种商品的外包装如烟标、服装的包装袋、化妆品或药品的包装盒等变得比过去更加精美漂亮，与其内在的商品品质珠联璧合，相得益彰。除了有金光和银光闪烁之外，印刷品表面常常会闪现出一种珍珠贝壳般柔和悦目的光泽，在平淡、朴素的纸张和塑料薄膜等基材表面呈现出一个全新、高雅、梦幻的色彩空间，给人以赏心悦目、高雅尊贵的视觉和心理感受，深受消费者尤其是女性的青睐，这种光泽感便是珠光印刷的效果。

珠光印刷是 20 世纪末在包装印刷和防伪印刷中开始流行的一种新型印刷方式，是通过使用特种珠光油墨印刷获得特殊效果的。珠光印刷与传统印刷工艺基本一致，关键在于珠光油墨的配制和使用。

珠光油墨一般由珠光颜料、连接料等物质组成，珠光颜料在油墨中的含量一般不低于 30%。早期的珠光颜料多在天然鱼鳞中提取，来源有限，价格十分昂贵。现在已成功研制出以二氧化钛包覆天然云母或合成云母的新颜料,这种云母钛珠光粉的发光度、着色力、化学和物理性能均接近和达到天然珠光粉的效果,是理想的珠光油墨材料,现已广泛投入使用。为了充分展示珠光颜料的珠光效果,用来配制油墨的连接料等辅助剂的透明度非常重要,以便确保印刷品的油墨层能接收到充沛的光线,这样才能展现出珠光特殊的光学干涉功能,增加色泽的深度和层次感,变幻出晶莹剔透、色彩典雅的视觉效果。

影响印刷品珠光效果的因素还有承印基材种类和印刷方式的选择。珠光印刷的承印物可以是纸张和塑料薄膜等,通常纸张用得更多些。承印材料平整、光滑度越好,墨层越厚,越有利于展现出优良的珠光效果。一般以选用玻璃卡纸、铜版纸、轧光白纸板等光滑度高的材料为好。

珠光油墨可用于各种印刷方式,如平版胶印、凹版印刷、丝网印刷和柔版印刷。由于珠光墨层在印品上要求有一定的厚度,才会使珠光效果更加明显,所以在选择印刷方式时,经常采用墨层较厚的丝网印刷、凹版印刷、柔版印刷等。如果能对珠光印刷品进行如上光、压纹等印后加工,珍珠光泽效果会明显提高,使印品产生更加丰富、梦幻般的绚丽色彩。

几近乱真的印刷——珂罗版印刷

俗话说:“乱世买黄金,盛世兴收藏”。近年来,随着人们生活水平和文化素质的不断提高,历来为文人雅士所喜爱的古玩字画等藏品越来越多地走进寻常百姓家。许多人喜欢用名人书画作为礼品或装点居室,但要收藏一件具有传世意义的真品绝非易事,若能拥有与真迹相差无几的精美复制品或能多少弥补收藏者的遗憾。眼下,一种能完美、逼真地再现书画神韵的珂罗版印刷品开始备受青睐,走俏于艺术品市场。

在平版印刷的家族里,珂罗版是一个用量不大、资历很老、颇具特色的品种。说它用量小,是因为珂罗版印刷过程全部是手工操作,产量很低。说它资历老,是因为自 1869 年德国摄影师阿尔贝特发明珂罗版印刷术后,很快于 1875 年前后即传入我国,1890 年,上海一家印刷所采用它印刷出精美的圣母画像。珂罗版印刷具有很多特色:首先是不用加网就可以复制连续调图像,没有通常平版胶印产品无法避免的网点痕迹,因而更接近原作风格韵味，具有极佳的复制效果；其次是吸引收藏家眼球的还有珂罗版印刷的有限性，珂罗版制成玻璃印版再结合手工印刷复制，每版只能印200～500份，印数远远低于石印和平版胶印等版种，是真正意义上的“限量版”。此外珂罗版印刷品的艺术欣赏价值高，而其价格远低于真迹，所以很值得收藏。据专家推测，珂罗版复制品在某种意义上讲，还具有一定的史料价值，若干年后会逐渐接近原作的历史价值，随着时间的推移将会有较大的升值空间。

珂罗版复制时首先要分色，其目的是获得复制对象原大尺寸的分色负像胶片(又名分色阴图)。对于极名贵的原稿，不能离开收藏地点的，如古代壁画或国宝级古画，首先拍得反转片做原稿，过去是用制版照相机，现在是用电子分色机或彩色桌面出版系统分色制成符合印刷要求的胶片。以10毫米厚的磨砂玻璃板为版基，上面涂布重铬酸铵明胶感光溶液，烘干后同分色负像连续调底片密合曝光，用水显影。见光部分硬化构成图像，以胶膜硬化后微细皱纹的疏密来表现原稿图像阶调的深浅明暗，然后利用油(油墨)水相斥的着墨原理，手工操作套印制作。珂罗版的图文是建立在硬化胶膜基础上的，印刷时在水的不断浸润下，图文区域的皱纹会逐渐失去亲墨能力或者脱落，所以珂罗版的印数很低。

近年来，珂罗版在中国古代书画作品复制中运用较多，如文物出版社组织的宣纸线装本中国版刻图录以及北京故宫、上海博物馆的藏书字画，多采用该项技术复制保存。

过去珂罗版印刷技术只能复制小幅作品。最近，上海博物馆在复制过程中融入了高科技数码技术，成功复制了清代著名画家王石谷晚年的得意之作《江山平远图》，复制规格为138厘米×68厘米，是迄今为止以珂罗版技术复制的最大古画。

珂罗版印刷是一种传统的印刷技术，自其问世百余年来，不像平版胶印技术那样飞速发展，其基本生产规模也没有很大变化，但它以独特的连续调复制效果，证明了自身的生存价值，成为印刷百花园中一朵永不凋谢的奇葩。进入21世纪后，书画市场火暴，海外回流的古书画增多，珂罗版印品的收藏已成为书画藏家关注的新热点。随着当今科技日新月异的发展，相信珂罗版印刷也会不断地改进完善，在继承与发扬中国书画传统、美化人民生活方面发挥更大的作用。

看上去和摸上去都像真的——凹凸压印

我们经常可以看到类似浮雕一样的印刷品，例如某些贺卡、请柬、商标和地图等，其表面除了具有相应的色彩之外，还有不同程度的凹陷和凸起，看上去非常精致，立体感很强，这种印刷方式就是凹凸压印。

凹凸压印又叫压凸、压凸纹印刷等，它是浮雕艺术在印刷上的移植和运用。凹凸压印一般先进行彩色印刷，在此基础上使用两块凹凸对应的印版，在一定的压力作用下，使印刷品发生平面高度的对应变形，从而对印刷品表面进行艺术加工。压印的各种凸状图文和花纹显示出深浅不同的纹样，具有明显的浮雕感，增强了印刷品的立体感和艺术感染力。

凹凸压印印刷时不使用油墨，而是直接利用印刷机的压力进行压印，操作方法与一般凸版印刷相同，采用平压平式压印，但压力要大一些。当质量要求高，或纸张比较厚，硬度比较大时，也可以采用热压，即在印刷机的金属底版上接通电流，待印版温度升高后再进行压印操作，以避免承印材料的破损和不必要的变形。

凹凸压印工艺的关键是凹凸模板的制作。凹版是压印原版，通常用铜锌板或钢板用腐蚀法或雕刻法制作。画面需要凸起的部位在金属原版上凹下去（以腐蚀性液体侵蚀或用硬质刀具雕刻），按照画面形态和明暗层次，在原版上呈现出不同的深浅凹度；凹原版制成后装在压印机版框上，用石膏粉混合糨糊调制成半流质石膏浆平铺在压印机上，与凹原版合压，翻制出石膏凸版，待石膏凸版干燥凝固后，即可进纸压印，压印后画面的对应位置就会突起，产生浮雕立体效果。

凹凸压印往往要在四边设置精密套准规线，以便使凹凸部位和对应的印刷部位完全吻合。

压印机一般是由去掉输墨装置的立式平台凸版印刷机改装而成。

中国的凹凸压印历史悠久，工艺素负盛名，曾加工出不少深受国内外印刷界人士高度赞扬的包装、装饰印刷品艺术佳作。我国明代（1627～1644年）印制的《十竹斋笺谱》，就是利用凸版在画笺上压印花叶脉纹和水波云浪，当时称为拱花，具有极高的艺术价值。随着现代人们对高档印刷品要求的提高，凹凸压印特别是在包装装潢领域应用越来越广泛。

如何印出立体图案

我们见过这样一种印刷品，它在彩色印刷品的表面复合了一层透明柱镜状光栅片组合，从不同角度观察，能看到不同的精彩图像，有的可伴随产生动画、旋转、缩放、变幻等视觉效果，图像具有真实的三维空间立体感，景物呼之若出，活灵活现，变幻多端，视觉冲击力强，能给人们带来全新的感官享受，这就是立体印刷。

立体印刷是立体摄影的发展，是对立体显示技术探索的结晶。它模拟人类两眼的间距，从不同角度拍摄，将左右像素分别记录在感光材料上，经制版、印刷后还要复合柱面镜组合板，通过柱面镜对光线的折射，观看时左眼看到左像素，右眼看到右像素，可以得到上述令人惊异的效果，这一印刷生产过程被称为立体印刷。

进行立体印刷时，如何实现图像从平面到立体的转变非常重要，具体有两种方式：一是使用特殊照相机直接拍摄立体照片，二是使用计算机专业软件将平面图像转变成立体图像。这两种方式中，立体拍摄效果虽好，但实施起来远不如后者便捷。

立体摄影采用单镜头机或多镜头机，要求摄影机具有较高的精度，避免振动造成误差，并且准确地调节焦距、角度、间距和光栅数据，拍摄高质量的立体照片；制版应提高分色、挂网、拷贝的精度，300 线网点要求实且不虚，景物图像应保持丰富的层次。立体印刷一般采用平版胶印工艺印刷，要求网点清晰，套印准确，印墨光洁不褪色，采用高精度的四色印刷机印刷，套色印刷必须准确，避免因纸张伸缩造成套印不准，从而影响印刷品的立体感。复合光栅有 3 种材料：PET、PP、PVC，经过注塑加工成为凸柱镜状光栅片，要求透明度好，片间距和角度有较高的精度，复合成型要求定位准确。

立体印刷制作技术将平淡无奇的普通平面照片制作成图像变幻灵妙、形态逼真、多层次的立体画面，极具视觉震撼效果，带给人们全新的视觉享受，目前已经广泛应用于个性化艺术照、婚纱照、广告、招牌、灯箱、商场及饮食娱乐场所等。

立体印刷设备与立体印刷制品全面推向市场，是印刷领域的重大革新，也是印刷领域必然的发展趋势。运用立体印刷设备已经能生产制作立体图文、立体防伪标识、立体彩虹材料等全方位产品,立体防伪标识具有绝妙的特性,立体彩虹材料具有五彩缤纷的效果,并具有独特的用途。

目前立体印刷广泛应用于企业产品包装装饰、商标防伪标识、展览馆橱窗陈列板、人文景观和自然风光图片、文化用品、旅游纪念品等。凡是平面印刷领域,立体印刷均能涉入,并且以其独特的效果,给印刷领域带来巨大的冲击。

磁卡是不是印刷品

磁卡在当今社会的用途十分广泛,可它也是印刷品吗?是的,市面上数以万种的磁卡上,各种图案和文字当然是印刷的产品,就连它存储信息的磁条,也是磁性油墨印刷的产品。

磁卡是一种磁记录介质卡片,由高强度、耐高温的塑料或纸质涂覆塑料制成,防潮耐磨,且有一定的柔韧性,携带方便,使用稳定可靠。通常,磁卡的一面印刷有说明或提示性信息,如插卡方向;另一面则有磁层或磁条,具有 2～3 个磁道,以记录有关信息数据。

磁条是一层薄薄的由排列定向的铁性氧化粒子组成的材料(也称之为颜料),用树脂黏合剂严密地连接在一起,并印刷或复合在诸如纸或塑料这样的非磁基片媒介上。

磁卡的工作原理是利用磁记录介质的特有磁滞现象记录信息。所谓磁滞现象就是某些磁性物质在外加磁场的作用下被磁化,产生一定的磁感应强度,当外加磁场消失后,这种感应磁性并没有消失,只是按一定的规律降低,产生剩余磁感应强度。我们写入和读出信息就利用这种功能,通过磁头检测磁感应强度变化时产生的感应电压,经过信息转化,显示存储内容。

磁条从本质意义上讲和计算机用的磁带或磁盘是一样的,它可以用来记载字母、字符及数字信息,通过黏合、热合与塑料或纸牢固地整合在一起形成磁卡。磁条内可分为三个独立的磁道,称为 TK1、TK2、TK3。TK1 最多可写 79 个字母或字符;TK2 最多可写 40 个字符;TK3 最多可写 107 个字符,可以使用专用的设备进行信息的存取。

一般磁卡的制作工艺是这样的:首先根据要求进行图文和工艺设计,经制版打样后进行胶印或丝网印刷,然后在专用裱磁机上将转移磁条的胶层与卡身定位对接，经热压后黏合，同时剥离带基，最后经过点焊、层压、模切、检测等后加工工序制作而成。目前卡身一般采用 PVC 等材料制成。

第一张磁卡于 1915 年问世于美国纽约。近年来，随着科学技术的发展，在磁卡的制作、性能、应用方面有许多显著的变化，磁卡用途涉及电信、金融、交通、邮政、公安、保险、医疗、政府部门、企业、学校及各种娱乐场所等领域，并以其使用方便、安全有效、印制精美而受到广大用户的一致好评。

随着社会的高速发展，磁卡将得到越来越广泛的应用，具有极大的市场潜力。

防伪全息印刷

目前许多商品都贴有防伪标签，我们迎着光源方向仔细调整角度，即可观察到一个逼真的、立体感很强的物体形象，这就是全息印刷的产品，其全名叫模压彩虹全息印刷。

全息印刷是利用激光全息成像技术发展而来的一种防伪印刷技术。用一束激光及从这束激光分出的参照光从不同角度照射一个立体景物，反射的光线通过一个狭缝形成包含景物全部信息的干涉条纹，将这种干涉条纹记录在感光胶片上，翻制成镍版，然后压制在镀铝薄膜上，就可在普通光照下再现模型的全息图案。

从商品包装的角度考虑，包装防伪标识不仅应该具有较强的防伪功能，而且更重要的是在包装上使用了防伪标识后，不仅不破坏原来包装图案的整体协调感和装潢效果，而且可以增强原包装的装潢促销功能。

由于激光全息图的色彩神奇，图像逼真，信息含量高，难以仿制，并且可进行大批量压膜复制，因而在防伪领域得到了广泛应用。随着全息技术的不断创新和发展，出现了许多以全息图为载体的新技术，如动态全息技术、2D/3D 技术、点阵全息技术、微缩加密技术、合成加密技术、光化浮雕技术、机器识别信息技术等等，成为应用最为广泛、防伪力度最强的防伪技术之一，并以其独特的艺术效果和防伪性能，在印刷包装领域得到大规模应用。

全息摄影就是利用光的干涉把景物散射光波以干涉条纹的形式记录在感光材料上，这样既记录了光波的频率和强度，也记录了光波的振幅和相位，因而具有获得立体图像的诸多条件。

全息摄影分为两步:第一步利用干涉法拍摄全息照片,从激光器发出的相干光束被分束镜分成两束光,一束光照射到被摄物体上,从物体上反射或散射的光射到感光胶片上。另一部分光束投射到反射镜,被反射的光波直接照射到感光胶片上,这束光称为参考光。物光与参考光在胶片上叠加干涉,产生的干涉图样记录了物体振幅和位相的全部信息。这张具有干涉图样的胶片经过适当曝光与冲洗处理后,就是一张全息照片。

第二步是利用衍射原理进行物体的再现。由于全息照片记录的是两束相干光相互干涉的结果,因此,与原来的被摄物体毫无相似之处。然而,当把全息图放回原处,用相干参考光照射全息图时,这张具有干涉图样的全息图将发生衍射,再现成像。

模压复制的工艺过程是:将全息金属模版加热到一定的温度,以一定的压力在薄膜等热塑性材料上压印,这样就将全息金属模版上的精细浮雕条纹转印到了热塑性材料的表面,待冷却定型和分离后,热塑性材料的背面就形成了与全息金属模版上完全相同的条纹,这就是复制出的模压全息图。

为了使压印的全息图像便于在白光下观看,在压印好的彩虹全息片的薄膜上再镀一层铝膜构成反射层,利用铝对光的反射作用可清晰地看到五颜六色的全息图像,这就是反射型全息标识。

压印、镀铝成卷的全息图像应便于逐个分离转移,以适用于不同的制品,完成全息产品的复制后,可在铝层上再涂布一层压敏胶并复合防粘纸(剥离纸),模切后可将全息图转移贴合在各种制品表面,这就是贴合型复制全息图。

不干胶标签真方便

不干胶标签也叫自粘标签、及时贴、即时贴、压敏纸等,是以纸张、薄膜或特种材料为面料,背面涂有黏合剂,以硅油纸为底纸的一种复合材料,经印刷、模切等加工后成为成品标签,使用时只需从底纸上剥离,轻轻一按,即可粘贴到各种基材的表面,也可使用贴标机在生产线上自动贴标。

不干胶标签同传统的标签相比,不用刷胶,不用糨糊,不必蘸水,毫无污染,节省贴标时间,使用方便快捷。不干胶标签的印刷同传统的印刷相比有着很大的区别。不干胶标签通常在标签联动机上印刷加工,多工序一次完成，如图文印刷、模切、排废、切张或复卷等，即一端为整卷的原材料输入，另一端即输出成品。成品分为单张或成卷的标签，成品标签可直接应用在商品上。

不干胶标签从结构上看是由三部分组成，即表面材料、黏合剂和底纸。

不同种类的材料，不同用途的标签，所使用的工艺流程也不同。一般标签印刷机为多功能设备，加工厂可根据客户的要求制定印刷加工工艺。不干胶标签印刷加工工艺流程如下：

卷筒纸放卷→烫金→印刷→上光→覆膜→打孔→模切→收纸。

不干胶标签的模切为半切透工艺，即只切透表面材料而保留底纸。

输入纸张为单张纸的不干胶材料印刷方法中，胶印占95%，凸印占2%，丝印占2%，计算机打印占1%。单张纸的不干胶标签印刷与普通印刷品相同，各工序在单机上完成，生产效率低，消耗大，成本高，但印刷质量好。如采用胶印印刷工艺，经四色彩印的标签质量大大优于标签印刷机印刷的同类产品。但由于单张纸印刷的不干胶成品形式为单张纸，无法复卷，所以此类产品只能手工贴标，无法在自动贴标机上自动贴标。单张纸印刷适合大面积的不干胶彩色印刷品，如海报、招贴画、大面积的标签等，不局限于标签产品。可以说单张纸不干胶印刷是不干胶印刷业的重要组成部分。

输入纸张为卷筒纸的不干胶材料印刷方法中，目前凸印占97%，丝印占1%，胶印占1%，柔印占1%。由于采用卷筒纸印刷加工，所有工序都在一台机器上完成，所以生产效率高，消耗低，成本低。目前我国的标签印刷机多为凸版印刷形式，功能少，只适合印刷简单的色块、线条类图案的标签，在印刷质量上不如单张纸胶印的标签。但是使用卷筒纸加工的标签可复卷成卷，适用于自动贴标机、条形码打印机、电子秤等设备，便于自动化生产。卷筒纸印刷不干胶标签是当前世界上不干胶印刷的主流。

不干胶标签的种类很多，按黏合剂特性分类可分为永久性不干胶材料和可移除性不干胶材料；按黏合剂涂布技术分类可分为热熔型、溶剂型和乳剂型不干胶材料；按黏合剂和化学特性分类可分为橡胶基和丙烯酸类两种不干胶材料；按底纸特性分类可分为不透明底纸、半透明底纸和透明底纸三种不干胶材料；按面材特性分类可分为纸张不干胶材料、薄膜不干胶材料和特种不干胶材料。

不干胶印刷以其独特的特性风格和方便快捷的应用方式，日益广泛地应用于各个领域，前景极为广阔。

给每种商品一个代号——条码印刷

我们到超市去购买商品，结账时收银员会在商品的外包装上寻找“条形码”，并使用手持式扫描仪扫描条形码，收银机屏幕上就会显示该商品的名称、规格、单价等信息。那么什么是条形码？它是如何生成和印刷的呢？

条码系统是由条码符号设计、制作及扫描阅读组成的自动识别系统。

条形码是由美国人 N. T. Woodland 于 1949 年首先提出的。近年来，随着计算机应用的不断普及，条形码的应用得到了很大程度的发展。条形码可以标出商品的生产国别、制造厂家、商品名称、生产日期、商品分类号、邮件起止地点、类别、日期等信息，因而在商品流通、图书管理、邮电管理、银行系统等许多领域都得到了广泛的应用。

条形码技术包括条形码编制规则、条形码译码技术、条形码印刷技术、数据通讯技术及计算机技术等，是一门综合技术。任何一种条形码都是按照预先规定的条形码编码规则和有关技术标准，由条和空组合而成。到目前为止，世界上共有 40 多种条形码码制。

条形码印刷一般采用热转印式条形码打印机，在微电脑的控制下完成条形码打印。

条形码的识别都是通过条形码阅读器来完成的。条形码阅读器可分为光电扫描器和译码器，一般是组合在一起的，通常与计算机相连。译码器的任务是将扫描器产生的信号按一定的条形码译码原理转换成计算机可以识别的数据，再传送至计算机中。为了阅读条形码所代表的信息，需要有一套条形码识别系统，通常由条形码扫描器、放大整形电路、译码接口电路和计算机系统等组成。

条形码具有可靠准确、数据输入速度快、经济便宜、灵活实用、自由度大、设备简单易于制作、对印刷技术设备和材料无特殊要求的特点，在现代商品社会中应用十分广泛。

报纸是怎样印出来的

报纸是我们日常阅读频率比较高的宣传品，在信息日益丰富的今天，报纸更是我们获得信息的主要途径之一。和其他印刷品相似，报纸也是经过制版、印刷、后加工几个步骤制作完成的。不同的是，由于版面、用纸、质量要求以及使用方式的差异，制版时要采用不同的排版软件，印刷时一般使用轮转印刷机（输入卷筒纸），并直接与印后加工部件（折页、配页、裁切）联动，直接输出成品报纸，最后经过各种途径送达读者手中。

从原始的铅印到现代的胶印，从手工排版到激光照排，从每小时不足 3 万份到每小时超过 15 万份，可以说，报业印刷的每一次进步与发展，都见证着一项新技术的应用与成熟。如今数码打样、CTP(Computer To Plate 计算机直接制版技术）技术、印刷机自动控制系统、数字化工作流程等新鲜的词汇又成了报业印刷领域讨论的热点话题。报纸印刷的流程比较紧密，更强调时效性，对信息交流的速度要求更强烈，因此应用数字化工作流程的效果会更好一些。原来的报纸印刷机只能印黑白报，后来发展成印单面彩色，现在则要求印双面彩色。数字化工作流程就是以数字化的控制信息，将印前、印刷和印后 3 个分过程整合成一个不可分割的系统，包括从扫描输入、文件处理、打样、制版到印刷和印后等各个环节之间数据处理及交换的过程。它在报业方面的应用主要包括印前计算机图文处理、数据远程传输、色彩处理、版数控制、制版、打样、印刷机油墨预置、运行监控、自动套准、自动清洗橡皮布、机台工作量统计、报纸发出数量统计及结算等。其中，制版一般为 CTP，打样一般为数码打样。

CTP 系统具有输出印版整洁、网点还原性好、印出的彩报图片清晰、层次丰富、质量稳定等特点。另外，由于它简化了工艺流程，缩短了制作周期，能节约 30～60 分钟的制版时间，这些特点与报纸争取更晚的截稿时间、传递更新更多内容的需要相吻合。

新型印刷机往往采用无轴结构印刷机，它的主要优点在于：第一，印刷速度快，可以实现不停机换版，因此可以大大提高生产效率。第二，各印刷滚筒和印刷单元分别由独立的电机进行控制和驱动，各印刷单元可以方便地离合，缩短了印刷准备的时间。第三，采用无轴驱动送纸装置，可保证卷筒纸在进入印刷单元前张力稳定，纸带平稳，彩色套印更准确，能够保证良好的印刷质量。

报纸智能邮发系统能在报纸印出以后，通过计算机控制，实现自动点数、自动堆积、自动捆扎，并根据报纸类型、数量和发行地区打出条码贴在已经打好的报捆上，经过条码扫描仪识别后由输送带直接输送到预先设置好的装车口装车。报纸智能邮发系统可以实现全自动化，只需在生产前做好数据准备，通过工作站发送给下级在线控制计算机（如报纸生产线上的点数堆积控制计算机、条码标签打印控制计算机和装车口的控制计算机等），就可以实现印刷和装车的流水作业。

报纸印刷在相当长的时间内，一定会是重要印刷领域之一，对报业印刷领域而言，出版时效和印刷质量的不断提高，彩报印刷的日益普及，数字化工作环境的不断完善，报业内日趋激烈的竞争，都使得报业印刷对新技术的应用产生了强烈的需求，印刷过程数字化已成为无法阻挡的趋势。

盲人“看”的书也是印出来的

盲文是供视觉障碍者使用的文字。因为盲人是靠手指触摸点字符号来默读的，因此，点字符号应当是凸起的，便于盲人用手指触摸。可以说，触摸感知组成盲人文字的点字是盲人获得文字信息的主要手段。目前的盲文是采用法国人布莱尔于1825年创造的用6个点组成的点字符号系统，6个点在不同位置的排列分别组成不同的点字符号。

盲文印刷的方法主要有模具压印法、油墨印刷法和发泡印刷法。

模具压印法是盲文印刷最早采用的印刷方法。印刷盲文时，首先用特制的打字机在双层铁皮上打压出凹进的点子，制成盲文凹凸模具。然后将特种厚纸置于两个模具铁皮之间，经加热加压，在厚纸上压制出排列不同的凸起圆点制成盲文书页，一般采用120克/平方米的厚牛皮纸。若发现版面有差错，只需将凸点敲平，重新打出更正的点子即可。印刷后，把书页装订成册，即完成了盲文书籍的印刷。

随着科技的发展，我们已经可以利用丝网印刷和发泡油墨印刷盲文了。采用油墨印刷盲文，是盲文印刷的一大进步。其方法是先在普通油墨中加入一定比例的松香粉末等辅助材料制成松香油墨，运用凸版印刷或丝网印刷，把盲文点或图案印刷在纸张上，经加热烘烤，油墨隆起制成所需图文痕迹。这种松香油墨的调配方法是：将松香熔融后投入玉米粉，搅拌均匀，再将用乙醇溶解的色料徐徐倒入，搅拌均匀后即可用于印刷；也可在胶印油墨或凸版油墨中加入松香粉末。需要注意的是，调配油墨时必须严格按规格、比例进行，并控制好油墨的黏稠度，要求在受热隆起后要坚而不脆，变形率小。严格控制添加剂的加入量，且油墨黏稠度要高，丝头要适当，采用丝网印刷效果会更佳。

发泡印刷是目前盲文印刷中应用最广泛的一种方法。发泡印刷是利用具有发泡特性的油墨印刷在纸张上，经加热，油墨受热发泡隆起，在常温下凝固成浮凸的图文。盲文发泡印刷不仅可以在纸张两面进行印刷，还可以印刷图案，印成的点字具有耐磨、质地柔软、长期摸读不伤手指等特点。

发泡印刷通常采用丝网印刷的方法，其工艺流程为：丝网制版和发泡油墨配制→丝网印刷→低温干燥→加热发泡→装订成册。

目前，发泡印刷的类型主要有微球发泡印刷和沟底发泡印刷。

印刷盲文书籍、文件等与一般书刊的图文印刷是完全不同的。盲文凸起的点子大小、点距、字距、行距，是根据盲人触觉的生理和心理特点在设计时已固定好的。凸点的形状一般为半球形或抛物面形，凸点底部的直径为1～1.6毫米，高度为0.2～0.5毫米，点距为2.2～2.5毫米。凸点太小，距离太近时，会影响盲人触摸时的反应速度，太大则会超出盲人指尖触感的最敏感区域。

对弱势群体的关注程度是一个国家文明程度的标尺之一，视觉障碍人士有接受教育和获得知识的权利，盲文印刷的研究、发展和应用，具有十分重要的意义。

牙膏皮一类的软管如何印制

软管印刷是在金属软管（锡铅合金、铝等）、层合软管、塑料软管等物体上复制图文的印刷方法。它是利用弹性橡胶层转印图像的原理，对软管进行印刷的方式。

金属软管印刷的工艺流程为：冲制软管→退火→印打底油墨→干燥→印图文→干燥→上光→干燥→装入内容物后封盖。

把金属锡或铝板先冲成圆片,再把圆片放进冲压成型机冲成圆管。因为金属管比较硬,需放在500℃的烘箱中烘烤一分钟使其软化。金属软管是有色金属,在印刷图文之前,需在软管表面印刷白色或其他颜色的底色油墨,以遮盖原金属的颜色。印完底色的软管,经红外线干燥后才能印刷图文。

层合软管是利用两种材料的各自优点裱合成软管,如由铝箔与塑料膜裱合的层合软管有抗湿、适应气候变化的优点,可先印刷再层合,使图文在塑料膜层中,外观很美观,同时还可印刷后加工成型,改变了先成型后曲面印刷的方法,这样便可采用照相凹版方式进行塑料印刷,经层合、成型形成层合软管。

软管印刷制作前需要进行凸版印刷、凹版印刷、丝网版印刷等前期设计,一般要求在 CorelDRAW 或 Freehand 等矢量图编辑软件中制作,这样在分色出片时可方便操作和提高准确率。

软管印刷较多采用凸版印刷方式,软管印刷机大多采用流水线作业,为联动印刷机,主要由印版滚筒、橡皮滚筒、套软管的压印滚筒盘、输送机构、墨斗等组成。印刷时先将印版上的图文印在包有橡皮布的滚筒上,然后再转印到软管上。如果是多色套印的图文,各印版上的油墨依次套印在橡皮滚筒上,随后多色油墨的印迹一次性地转印到软管上。

软管印刷所用的印版通常为铜版,因为铜版具有较高的耐印力,制版方法与普通铜锌版制版相同。

压印滚筒盘上的压印辊套有软管,但其自身不会转动,只有和橡皮滚筒接触后,才能与橡皮滚筒作同一线速旋转。压印滚筒盘的直径与橡皮滚筒的直径相同,但运转不同,橡皮滚筒转一周,压印滚筒盘转 90°,完成一支软管的印刷。

软管旋转一周后,即脱离橡皮滚筒,软管印刷的套印工作便告一段落,接着用红外线照射,以使印迹迅速干燥和增加印迹的光亮度。

软管产品以其携带方便、内容物挤出彻底等特点,在生产、生活、教育、艺术等诸多方面有着广泛的应用,软管印刷自然有着广阔的前景。

集成电路是怎样印出来的

集成电路又称为IC，是在硅板上集合多种电子元器件实现某种特定功能的电路模块，是电子设备中最重要的部分，承担着运算和存储的功能。集成电路的应用范围覆盖了几乎所有的军工、民用电子设备。可以说，集成电路是计算机、数字家电、通信等行业的“心脏”。

集成电路大体上可分为两大类：半导体集成电路和混合集成电路，而混合集成电路又可分为两种，一种是薄膜混合集成电路，是应用真空喷射薄膜技术制造而成；另一种是厚膜集成电路，是用丝网印刷厚膜技术制造而成。

所谓薄膜是指1微米左右的膜层厚度，厚膜是指10～25微米的膜层厚度。无论是薄膜还是厚膜，都有其各自的优点。薄膜技术不论是有源元件还是无源元件，都是根据其各自的技术特点直接加工成集成电路。但现在厚膜技术还不能把有源元件直接加工到电路上。

随着丝网印刷技术日益精密以及丝网印刷承印物多样化的特点，人们发现丝网印刷在印刷电路的制作中是可以大显身手的。自20世纪80年代以来，在电子工业中用丝网印刷的方法制作印刷电路板，成为一个重要的发展势头。

厚膜集成电路的丝网印刷图像是微型的，要求印刷精度高，所以印刷机、印版、承印物（基板）、油墨等都需要具有高精度，印刷场所也要求保持恒温，并清除尘埃。

印刷厚膜集成电路的丝印机有半自动和全自动两类。半自动丝印机只有基板供给是用手工完成的，其他工序自动完成，如信息产业部电子第四十五研究所开发研制的WY—155型、WY—203型等精密丝网印刷机，具有印刷误差低于±0.01毫米、刮板压力和印刷速度可以调节、真空工作台x、y、θ三维精密调整、整机PLC控制等优点，各项指标均达到或超过国外同类设备技术水平，是国内厚膜集成电路生产厂家的首选设备。

一般印刷厚膜电路板时，首先要进行导体印刷，再反复印刷电阻2～3次，根据情况有时可适当交叉进行玻璃涂层的印刷，在印刷后还要进行摊平、干燥、烧制、调整、包封等加工处理。

20世纪后半叶是电子技术突飞猛进的年代，随着电子技术由晶体管时代进入集成电路时代，印刷电路板的制作也更加精密化，从而产生了集成电路的光刻技术。这种光刻加工技术制作的是电子元器件尺寸更加小型化、线路排布更加密集化、加工设备更加精密化的大规模或超大规模集成电路。

今天，集成电路制造技术正在从常规制造、传统制造向非常规制造及极端制造发展。极端制造是制造技术发展的重要领域，微制造是其重要内容。以微制造为基础发展起来的纳米技术和微纳系统，是21世纪高科技的制高点。

古老印刷方式焕发青春——柔版印刷

柔版印刷是古老的凸版印刷方式的变种，最初被称为苯胺印刷，起源于20年代初期的美国，因其使用的苯胺染料油墨有毒而没有得到发展。此后，油墨制造厂开始使用大家可以接受的色料药剂，于1952年在美国第十四届包装研讨会上被更名为柔版印刷(FLEXOGRAPHIC PROCESS)。70年代中期以后，由于材料工业的进步，特别是高分子树脂版材和金属陶瓷网纹辊的问世，促使柔版印刷有了质的飞跃，目前在世界范围内成为增长速度最快的印刷方式之一。

我国印刷技术标准术语GB 9851.4—90对柔版印刷的定义是：柔版印刷是使用柔性版，通过网纹辊传递油墨的印刷方式。

柔版印刷与其他印刷方式的区别在于其独有的特征，一是使用柔软的高分子树脂版材，降低了制版成本且缩短了制版周期，由于版材制造水平和制版技术的提高，网线版目前已能达到175线的水平，足以满足一般包装印刷的需要；二是使用网纹辊传墨，由于网纹辊既是墨的传递辊又是墨的计量辊，实现了与凹印一样的短墨路，且能按工艺要求准确供墨。目前采用激光雕刻的金属陶瓷网纹辊已可达到1 600线的水平，为精确控制墨色和墨层厚度提供了有利的手段；三是低压力印刷，柔软印版的高弹性为弹性形变提供了良好的版材基础，既减少了机械的震动与磨损，也减少了对版材的磨损，同时扩展了印刷介质的范围，特别是有利于柔性材料的印刷；四是窄幅柔版印刷机还扩充了印刷机的功能，除印刷外还可以完成大量印后工艺，使柔版印刷机成为集印刷、印后加工于一体的生产线。

柔版印刷的特长和优势主要表现在包装印刷领域，它具有墨层一致、适印介质广泛、产品应用范围广泛、生产成本低、经济效益高等不可替代的特点。

此外，柔版印刷设备综合加工能力强，几乎所有的窄幅机组式柔版印刷机都可以在同一台设备上进行印后加工，如反面印刷、上光、覆膜、模切、横断、分切、打孔、打龙、扇折、自动排废等，甚至可以在印刷机组上增加打号码、烫金或丝网印刷单元。因此，有人将柔版印刷机称为印刷加工生产线也不无道理。另外，就窄幅柔印机而言，由于其自身具备了几乎大部分印后加工功能，用户购置了柔版印刷机，则不必再另行添置模切、上光等印后加工设备，因而也就节省了这部分投资，同时也节省了这部分设备的占用场地和用工，从而又可以节省一笔生产投资。

使用印刷、印后加工一体化的柔印机，可以一次完成全部工艺流程，机器一端上纸卷，另一端出产品，既节省了设备投资，又减少了因工序间周转引起的消耗，缩短了生产周期，其效率是胶印无法相比的。此外，柔印印版的耐印率通常可以达到 100 万～300 万次。

柔版印刷范围十分广泛，举凡插页、商业表格、包装卡纸、瓦楞纸、商标、薄膜包装、纸质软包装、纸袋、塑料袋、容器、纤维板及胶带等都可以应用。

最重要的一点是，柔版印刷因为广泛采用无毒的水性油墨进行印刷，又被人们称之为绿色印刷，被广泛用于食品和药品包装，这是其他印刷方式可望而不可即的，尤其在全球日益重视环保的今天，随着新材料、新技术、新工艺的不断应用，柔版印刷质量在进一步提高，其前景必将更加辉煌。

不干胶印刷品是如何制造出来的

不干胶印刷用途很多，作为包装印刷的一个重要组成部分，其使用方便、形式多样的特性深得用户喜爱。随着生活水平的不断提高和市场竞争的日益激烈，商品除了要具有优良的品质外，还必须具有高品位的外观包装。进口商品的增多以及电视、杂志、网络等媒体的宣传，使人们要求商品的外观更趋完美，使不干胶标签在包装中扮演着越来越重要的角色。

不干胶标签所具有的特性同时具备了在防伪行业的应用条件，我国最早的防伪标签出现在 20 世纪 80 年代中期，应用领域有酒类、食品、医药、保健品、化妆品、儿童用品、玩具、服装衣标、鞋标、计算机软硬件产品、体育用品、汽车零件、农用物资等。用于商品的不干胶防伪标签应该说在我国具有广泛的市场发展空间。

我国目前的不干胶标签印刷方式主要以凸版印刷为主,单张纸胶印也占有一定比例,柔印和其他印刷方式所占比例较小。不干胶标签印刷一般采用专业印刷机,其中高性能轮转不干胶印刷机由于印刷表现力好,生产效率高,多种功能集于一体,其作用已在一些大型印刷企业中初显端倪。这种卫星式轮转不干胶印刷机是一种高性能的不干胶印刷加工机。由于采用卫星式印刷单元和共用压印滚筒,使传动同步误差缩减到最小,这是机组式传动结构无法达到的,而且节约了穿纸长度,减小了设备外形尺寸。通过增加共用滚筒,使印刷最多可增至12色,并可将凸印、柔印、胶印融合在同一台设备上,使各种印刷方式在产品上各显所长。还可通过增加平压平模切、2P供纸、电晕处理、上胶、覆膜、循环冷却、烫印、喷胶、喷墨打印、平张切割等装置扩展设备的功能,以满足不同业务的个性化需求。

今天,随着柔版印刷的快速发展,柔印成为今后标签印刷的理想方式。机组式柔印机可任意组合,在备件齐全的情况下,可印刷各种类型的标签,包括短版活和特种标签。组合式印刷机在一台印刷机上可任意组合多种不同的印刷方式,而且可以避免人力、物力的浪费。采用新材料、新工艺,在组合式印刷机上可加工出各类新型标签,例如医药行业用的多层标签、化妆品行业用的双面标签以及电子标签和智能标签等。

金属产品的表面如何印刷

在超市的货架上我们可以看到许多知名品牌商品,它们用具有凹凸感、外形美观和印刷精美的罐子作为包装。这些日常生活中常见的食品罐头、铁皮儿童玩具、糖果铁盒等大多都是用铁皮印刷这种方法来印刷制作的。通常这些材料主要是铁和铝,它们的优点众所周知,但和新型材料如塑料、复合材料相比,金属材料在外观造型上就较为逊色。金属材料的强度、整体性、耐压性不成问题,饮料包装市场竞争激烈,但金属包装仍然是最大的用户群之一。

金属包装印刷的对象主要是铁皮,是利用胶印技术的一种特殊间接印刷方法。印刷时图像先转印到橡皮滚筒上,再转印到铁皮表面。

用于印刷的单张白口铁、马口铁、铝皮等，根据承印物的特性及使用目的不同，应具有相适应的耐蚀性及印刷、加工性能，为此，在印刷之前要进行底层涂布。与印刷有关的涂布工艺主要有印前涂布、表面白色涂布、边缝涂布和上光（印后涂布）等方式。

印前涂布是利用打底涂料进行涂布。在涂布之前应对涂布对象表面进行去脂，以清除表面的油污。印前涂布有内涂和外涂两种形式。内涂是在铁皮里面即成型产品的内侧涂布一层保护亮光油，以保护铁皮不受内装物的侵蚀，同时对内装物也起保护作用。由于内涂涂料有可能直接与食品接触，要求涂料必须无毒无味，内涂后应在干燥器中进行干燥。而外涂是对印刷面进行涂布，其作用是提高金属表面与油墨层的附着力。边缝涂布是指电阻焊罐成型后利用边缝涂料补涂在罐头边缝，以防止锈蚀。

金属承印物印后一般要经过上光处理和成型加工两道工序。上亮光油的目的是保护墨膜，增加印刷品的光泽，使制品更加美观，并能增强对制罐加工时的弯曲和机械冲击的承受能力。

印后的容器从成型工艺上看，大都是利用金属冲压原理，经过分离和塑性变形两大工序而成型的。

分离工序是使冲压件与板料沿所要求的轮廓线相互分离，并获得一定的断面质量的冲压加工方法。分离工序常包括切断、落料、冲孔、切口、修边和剖边等操作。

塑性变形工序是使冲压毛坯在不被破坏的条件下发生塑性变形，以获得所要求的形状和尺寸精度。通常有弯曲、拉伸、成形三类。弯曲包括压弯、卷曲、扭曲、折弯、滚压、曲弯、拉弯等操作；拉伸主要是冲压拉伸和变薄拉伸；成形方法较多，包括翻孔、翻边、扩口、缩口、成形、卷边、胀形、旋压、整形、校平等操作。

今天，高清晰度、宽色域、高保真印铁技术和产品基于传统印铁工艺，充分利用最新的计算机图像处理技术、色彩精确测量控制技术、印刷工艺参数优化调整技术、油墨分析处理技术等手段，突破传统 175 线四色印铁，达到 350 线超四色高清晰度宽色域印铁，使印出的图像层次更细腻，更丰富，色彩更鲜艳亮丽。传统印铁正在向现代数字化印铁迈进，并将实现四色、六色、多色一次性高速连续印铁工艺，将印铁技术引入一个全新的境界。

塑料产品的表面如何印刷

看看我们的周围,塑料产品(包括产品塑料包装)的数量是非常巨大的。塑料包装具有轻盈透明、防潮抗氧、气密性好等优点,当然质量上乘、印制精美的产品是占有这个市场的必备条件。

塑料印刷的承印物是塑料薄膜和塑料制品,主要成分是聚乙烯、聚丙烯、尼龙薄膜等高分子合成材料。其分子结构中含有极性物质,化学稳定性好,耐酸碱的腐蚀,在常温下不溶于一般的溶剂,抗氧化。由于塑料承印物与油墨的亲和力差,印刷后油墨也不易干燥。同时,很多塑料承印物不具备纸张表面的多孔性,其表面张力很低,一般需要对其进行表面处理,以提高塑料承印物的表面张力,使其能够和油墨很好地亲和,在印刷时能很好地吸附油墨,印刷后墨层不与承印物脱离。

电晕放电(氧化作用)处理是最常见的处理方法,它被应用于各种塑料薄膜的表面处理中,而且不会损坏那些对温度敏感的塑料承印物。电晕放电采用高频高压或中频高压放电对塑料表面进行处理,使其表面活化,呈多孔性,以提高塑料薄膜表面对油墨的黏附力,改善薄膜的印刷适性。

火焰法更多地被用于耐高温塑料制品的表面处理,使塑料在瞬间高温作用下去除表面的油污并熔化表面薄层,以提高着墨能力;有时也使用化学处理法,但是这种方法通常与电晕放电处理法配合使用,化学处理法利用氧化剂对聚烯烃塑料的表面进行处理,使其表面生成极性基团,从而使塑料承印物表面对 UV 油墨(紫外线快干油墨)/光油能够良好地附着,而 UV 油墨/光油是塑料包装印刷的常用材料。

塑料薄膜印刷包括制版、吹塑、电晕处理、印刷、复合、分切、热封、制袋等工序;塑料制品印刷包括制版、火焰处理、印刷等工序。

塑料印刷一般采用凹版印刷或柔版印刷,同样有制版、印刷和印后加工几个步骤。

塑料印刷有表印和里印两种类型,所谓表印是指在塑料薄膜上印刷后,经制袋等后期工序,印刷的图文在成品的表面。

里印是指运用反像图文的印版,将油墨转印到透明承印材料的内侧,从而在承印物的正面表现正像图文。

印刷完成后的塑料薄膜往往需要与其他材料复合，形成一种复合包装材料，具有不同材料的优点。通常其复合方法有湿式复合、干式复合、挤出复合、热熔复合等。

随着化工产业的高速发展，新的有机材料不断涌现，塑料印刷应该有更大的发展空间。

陶瓷产品的表面如何印刷

陶瓷制作术和陶瓷图文的转印术在中国有着悠久的历史，早在 1 000 年之前就已应用于生活和生产中。漫漫历史长河中，中华民族的陶瓷制作技术，为人类贡献了数不清的质地细腻、图文精美的艺术瑰宝。但是把印刷术用于陶瓷彩色图文的转印，却是 20 世纪 20 年代才开始的，这就是陶瓷贴花纸印刷。

陶瓷贴花纸不仅仅是承受来自印版的印墨，更为重要的是还要把印刷图文转贴到瓷坯上，经窑中高温烤烧后，印墨中的颜料转化成彩釉，而承印物——纸，要完全燃烧变成气体逸出，不留下灰分，不影响彩釉的颜色效果。所以说贴花纸只是一个承受印墨，再把印墨转印到瓷坯上的中转媒介。

早期的凹印贴花纸使用薄绵纸，后来石印平印贴花纸用厚纸基上裱薄纸印刷。在定量 180～200 克/平方米的厚纸上裱糊一层薄纸，再在薄纸上涂布一层水溶性胶水，然后晾干、印刷、分切、包装备用。20 世纪 80 年代以后，承印媒介有了进一步改进。先在厚纸上热压复合一层聚乙烯薄膜，然后在这层薄膜上涂布一层薄聚乙烯醇缩丁醛面膜，用这层面膜代替纸，在上面印刷图文，印好以后从厚纸上揭下面膜，就是陶瓷贴花纸，厚纸基还可以继续使用。使用聚乙烯醇缩丁醛面膜不仅节约纸张，降低生产成本，改善劳动条件，而且烤烧后基本上不留灰分，釉彩质量好。

陶瓷贴花纸印刷油墨是由彩釉粉料加连接料和辅料组成，它同普通印刷油墨不同的是，这里的彩釉粉料不是普通油墨中的有机颜料，而是由着色料和釉料组成。着色料主要是元素周期表中的一些过渡元素、碱土元素、稀土元素如铁、钴、铬、锰、钛、钒、铍、锆等的氧化物；釉料是无色的高岭土、石英、长石等粉料，把它们混炼、研磨成粉末即成釉料粉。

自 20 世纪 70 年代以后，随着网版印刷技术的进步和网版印刷器材供应情况的改善，陶瓷贴花纸网版印刷产量的比率逐渐提高，而相比之下凹印、平印产品的比率则逐渐下降。进入20世纪90年代以后，国内各大陶瓷贴花纸印刷厂也已逐渐转为以网版印刷为主。

决定网版印刷产品精细程度的关键因素是丝网目数的高低。过去人们认为网版印刷产品粗糙，主要是因为网版目数较低(100～200目)。自20世纪80年代以来，全自动式滚筒网版印刷机和250～400目的丝网器材的面市，较好地改善了网版印刷的物质条件。普通产品用250～350目的丝网，精细产品可以用到300～400目的细网。过去贴花纸印刷一般多是线条、文字或色块，很少应用网点技术，有了精细丝网网材以后，100线的网点印刷也能在丝网上制版，只要满足加网线数与丝网目数的比值为1∶3就行。

新技术新工艺的采用，使陶瓷贴花纸能够更好地表达出画面的立体感和质感，贴花纸印刷品质有明显提高，使中国的陶瓷艺术品又上升了一个档次。

利用升华的原理进行印刷

我们日常生活中需要接触大量的纺织品，其中有许多具有漂亮的图案花纹，街头上经常可以见到大幅面的广告，这些精美的印品中，有很大一部分是利用升华——这在学术上解释为材料由固体状态直接转变到气体状态，并没有中间的液体状态——的原理进行印刷的。

热升华印刷是一种和普通的油墨印刷截然不同的印刷方式，它使用的并非是常见的液体状颜料类油墨，而是固体的树脂类油墨。这种油墨在高温下会升华成气态，以气体分子态渗入可渗透性的印刷品表层后凝华，从而与印刷物表面在物理层面上成为一个整体，而不仅仅像普通颜料类油墨那样“粘”在印刷表面上，所以其印刷的牢固性极高，而且树脂类油墨在光泽、形态等方面更为优秀。

现代热转移印刷首先要用特殊的油墨，在某些情况下，还要用特殊的纸张。我们把经过普通印刷后干燥的印刷图文放在织物上并进行加热，大约达到200℃时油墨由固体变成蒸汽，这样就使得燃料进入织物纤维内并使其染上了颜色。

染料升华转印的最大优点是染料可进入聚酯或织物的纤维中。而在丝网印刷中，溶剂或油墨都是在织物表面形成墨层。所以升华转印后的印品手感十分柔软，基本感觉不到墨层的存在。此外，由于油墨在转印过程中已经进入织物内层，因此图像的寿命与服装本身的寿命一样长。

由于染料升华印刷是一种通用性和使用性都很强的工艺，因此目前已成为最受欢迎的产品装饰方式之一。

随着印刷技术的飞速发展，数字升华转印技术也逐步得到应用。新型热升华印刷系统具有许多优点，如：特殊墨粉或墨水之间可以互换使用，这在普通墨粉或墨水间并不可行；引入了色彩管理，使印刷者可以看到最终的印刷成品图像效果；优秀的 RIP 软件为热升华提供了特殊的颜色桌面，对于实现颜色匹配有重大帮助。

今天，升华转印油墨已经能在任何产品上印出很薄的墨层，而且印品数量不受限制。由于升华染料是 100％的有机染料，这种染料可在水中扩散，而且油墨仅仅通过加热就可进行转印，这意味着在数字染料升华转印中，不使用任何化学剂，对人体和环境没有毒害，是一种环保型的绿色印刷方式。

利用静电吸附的原理可以进行印刷

传统的印刷方式，一般要利用压力将油墨由载体转移到承印物上，而静电印刷是一种不借助压力，利用异种电荷相吸的原理获取图像的印刷方式。其原理是，让光导半导体物质构成的印版事先通过静电并带有同种电荷，用照相镜头将图像投影到印版上，图文以外的部分受强光的照射，不剩留任何电荷，而图文部分却留下大量的电荷，形成静电潜影。用树脂色粉取代油墨并给予异种电荷，用它接近印版，根据异种电荷相吸的物理现象，色粉吸附到纸上，加热固定下来形成图像。

静电印刷的种类很多，有静电平印、静电凹印、静电孔版印刷等。但是，最重要的是应用这一原理而产生的具有划时代意义的办公用品——静电复印机。静电复印机诞生近 80 年来，产品已从手动到全自动，从单一功能到多功能，从模拟式向数字式，从单色向多色、彩色方向不断发展，使复印机产品真正成为办公自动化不可缺少的设备，以达到最大限度地提高人们的工作效率，降低劳动强度的目的。

特别是 20 世纪 80 年代初到 90 年代末期，复印机有效地实现了智能化、复合化、自动化,使复印机提高到一个新的阶段。随着数字技术、激光技术、微电子技术、网络技术的迅速发展,复印机的数字化应用,引发了由针式打印机向激光打印机的转化。

数字复印机的工作原理与过程是,将来自原稿的反射光经光学系统成像于电荷耦合器 CCD 表面进行光电转换,通过 A/D 转换器将模拟信号变成数字信号并进行量值化,通过图像处理器输出数字信号来调制激光束,通过多面体棱镜使激光束在光导鼓上扫描曝光并形成静电潜影,然后进行显影、定影等完成静电复印。

数字复印机具有多种优异功能,包括图像编辑功能、一次扫描多次复印功能、电子分页功能、可升级功能,并拥有较大的存储量和图像压缩系统。它不仅可以直接与计算机联结成为高速激光网络打印机,同时,经扫描到内存的原稿,可以经过电脑编辑后打印。

随着信息网络时代的到来,高品质、高效率、快节奏的办公自动化已成为当今时代的强烈要求,而数字技术、激光技术、网络技术的发展及其复合化又为实现这一强烈需求奠定了坚实的技术基础。多功能复合机不是简单地把复印机、打印机、传真机、扫描仪打包在一起,而是应用数字化技术把复印、打印、传真、扫描等组件通过硬件、软件等的有机结合,最大限度地共享功能部件。

静电复印技术已经达到高度成熟的阶段,静电复印技术的应用将更加广泛。为了适应信息时代的要求,应用静电复印技术的产品将向着更深层次的复合化、彩色化、商务化和网络化迈进,这是 21 世纪发展的大势所趋。

“彩色喷墨打印机”是怎样工作的

今天,彩色喷墨打印机已经深入到办公、生产、生活的各个领域,以其优异的性能,成为打印机系列的主导产品,并渗透到印刷领域。

喷墨印刷的原理是,利用各种方式控制高速微细墨滴,依据计算机版面的要求,选择性喷射到承印物表面形成图像。

喷墨印刷是一种无接触、无压力、无印版的数码印刷方式,具有传统印刷无可比拟的优越性。它与承印物的材料和形状无关,除了纸张外,还可以在金属、陶瓷、玻璃、丝绸、纺织品等表面印刷图文,适应能力很强。同时,喷墨印刷不需要胶片、印版等材料，也不需要拼版、晒版等工序，已在印刷领域得到了广泛的应用。

追溯到20世纪60年代，就已经有人开始研究喷墨打印技术，直至1976年世界第一台喷墨打印机IBM—4640诞生了，它采用连续式的喷墨技术，同年出现了压电式墨点控制技术。90年代后，喷墨打印机技术飞速发展，新型的高速、高质量、大幅面喷墨打印机层出不穷，同时完成了由黑白喷墨打印机向彩色喷墨打印机的转变。

目前彩喷种类很多，按成色方式分为四色、六色等多种。所谓四色就是喷墨打印机使用青、品红、黄、黑(C、M、Y、K)4种颜色的墨水打印彩色画面，通过调整4种颜色墨水的配比，可以组合出各种色彩和明暗深度效果。采用六色打印是为了改善打印照片时的色彩层次表现，在四色打印的基础上增加浅青色和浅品红色墨水，这样打印的时候一共有6种颜色的墨水。近年来有一些高端产品通过继续增加灰色、橙色、红色、蓝色等颜色的墨水，能获得更好的色彩表现。

墨滴的喷溅技术也有热喷墨、微压电喷墨等多种形式。热喷墨技术是打印头喷嘴后部的墨水被加热到200～300摄氏度形成气泡，气泡膨胀把位于前部的墨水推出，喷射到纸张上。微压电喷墨技术不需要加热墨水，在常温下利用压电晶体通电后延伸和收缩的特性，将墨水弹射出喷嘴。

压电式喷墨打印技术的工作原理完全不同于热泡式，它是将许多小的压电陶瓷放置到喷墨打印机的打印头喷嘴附近，利用它在电压作用下会发生形变、产生振荡的原理，适时地把电压加到它上面，压电陶瓷随之伸缩使喷嘴中的墨汁喷出，在输出介质表面形成图案。这项技术使墨滴微粒体积更为细小，形状则更为规则，定位更加准确，分辨率也同时得到了提高，从而获得较高的打印精度和打印效果。在保证高品质的同时，也使打印耗材随之减少。

未来的喷墨打印机将在输出宽度、成像效果、色彩还原、打印速度以及作品保存年限等方面不断研究创新，使其提高生产效率、质量和分辨率，墨滴更小，色域更宽，价格下降，在办公自动化、数字印刷等领域扮演更加重要的角色。

印刷业发展的方向之一——数字印刷

时下，在国内甚至全球印刷业，“数字印刷”都堪称一个时髦的行业术语。无论是高速的激光静电直接成像印刷系统、宽幅面的数码喷绘，还是在机直接制版的DI数字印刷机等，数字印刷正悄悄地渗透并改变着传统印刷领域。

所谓数字印刷，就是电子档案由电脑直接传送到印刷机，从而取消了分色、拼版、制版、打样等步骤。它使印刷成为一种最有效的方式：从输入到输出，整个过程可以由一个人控制，实现一张起印。这样的小量印刷很适合四色打样和价格合理的多品种印刷。

数码印刷与传统印刷比较，具有周期短、单价成本与印数无关、快捷灵活、便于与客户进行数字连接等优点。它不仅可以在纸上印刷，而且可以将各种不同的媒体作为印刷对象；不仅可以印刷平面印品，而且可以印刷三维立体物品。

在数字印刷应用中，值得大书特书的是可变资料的印刷，它令用户在一次印刷中生产出含不同内容的印刷品，无论是文字还是图像，均可作连续变化，它将个人化资料的制作集中在一个软件中，大大方便了用户的使用，再利用智能流程管理系统，就可以实现100%页面内容的即时改变。

然而，多数数字印刷机不具有传统七色印刷机那样丰富的表现力，因此四色版面的设计不应过于复杂或刻意追求颜色的准确。这些新的印刷机并非要取代传统印刷，而是满足传统印刷无法做到的部分市场和印刷业内的某些特殊要求。

数字印刷的种类很多，有热转印、激光转印、静电印刷、喷墨印刷等。

彩色数字印刷已经渗透到了各个领域，广泛应用于软件资料、书本、商品介绍、个人化展示材料、房地产宣传品、保险公司宣传邮件、纺织品设计样本、零售商品样本、培训资料、广告赠券、超市广告的印刷上。

数字印刷已经或正在改变印刷业的格局，可以这样说，在未来的印刷领域，数字印刷必将占据一个非常重要的位置。

高保真印刷使复制的颜色更加逼真

20 世纪 90 年代末，高保真彩色印刷技术研究成果已经开始走出专家实验室，得以在实际生产中应用。高保真彩色印刷技术成功采用新的分色理论和方法，纠正了常规四色印刷的主要缺陷，使得印刷颜色的视觉效果更接近实际景物的真实面貌，印刷图像颜色更鲜艳明亮，层次更丰富真实，立体感更强。从这个意义上说，高保真彩色印刷技术开创了一个新时代。

常规彩色分色技术将原稿的颜色分为青、品红、黄三种基本色，再加上黑色，组成了印刷品可表示的色谱范围。与天然色彩相比，这个范围小得多。自然界丰富的色彩，仅用 4 种油墨调和是不能充分表现出来的。采用六色、七色、八色高保真彩色印刷，目的就是为了扩大色彩再现范围，逼真反映自然色彩。

高保真印刷技术以实际景物反射光谱为复制目标，选择多色油墨组合更大的色域空间，以油墨印刷色中的彩色成分和中性灰成分，分别匹配原稿颜色中的色相、饱和度和亮度，以各自的阶调线性尽量保持原稿颜色的视觉真实性。

印刷颜色空间是由原色油墨特性决定的。四色印刷使用的黄、品红、青、黑原色油墨，其印刷显色的光谱曲线与理想颜色光谱曲线有较大差距。油墨叠印的二次色蓝、绿、红特别是蓝色和绿色的显色效果，与理想颜色差距更大。目前大幅度地提高油墨性能的可能性不大。

高保真印刷的颜色特性表现在两个方面。第一，印刷颜色空间扩大，增加了更明亮鲜艳的颜色，使印刷品看起来与真实景物的颜色更接近。第二，印刷颜色的阶调线性与常规四色印刷不同，视觉感更接近光谱色的变化效果，印刷品层次感更真实，立体感更强。

高保真印刷在印刷色域扩大的同时，也十分注意印刷颜色色度阶调线性的维持。在常规四色印刷时，往往更注重颜色的饱和度，而较少强调阶调线性的真实性。高保真印刷色空间内不同阶调颜色的彩色成分匹配的目标是输入的红绿蓝颜色色相和饱和度阶调特性，油墨色尽量忠实于这种特性，使印刷彩色图像的色度视觉效果与实际景物颜色更加接近，颜色层次感更真实丰富。

高保真七色印刷色域比常规四色印刷扩大30%以上，大大提高了表现鲜艳颜色的能力；它的印刷颜色阶调线性更加准确，强化了表现颜色深浅变化的能力；它的亮度阶调线性调整，不但使暗调颜色中彩色变化更加明显，还使得印刷图像的立体感增强。

高保真印刷技术的表现力，正是高档彩色印刷所需要的。与高保真印刷质量相比，常规四色印刷将退居二流质量水平。今后高质量精美印刷的技术规范将建立在高保真分色的基础上，高保真印刷技术应用水平，将成为印刷企业产品质量的主要表征，以此面对客户的选择。

二、印刷工艺

一本书的经典制作工艺

一本图文并茂的书是怎样制作出来的呢？让我们一起走进一家现代化印刷企业看一下。

因为年代的不同、印版类型的不同、制版印刷装订设备的不同，制作一本书可能会选择不同的加工工艺。一般说来，采用平印、凸印或凹印，哪一种印刷方式都可以印成一本书，但每种方式各有千秋，需要权衡许多因素后确定。大致上都要经过以下步骤：原稿的设计制作、印版制作、出校样、印刷、印后加工。

现代化主流印书方式是采用DTP(彩色桌面出版系统)＋高速多色平版胶印机＋书刊装订自动流水线，这种“三强”联合作战的具体工艺流程如下：

(1) 原稿设计制作：由作者完成，目前随着计算机和数字照相机的普及，许多原稿图文都是电子文件。

(2) 确定印制工艺：出版社根据原稿种类及用途，明确质量要求和工期，确定印刷册数，选择印刷方式与材料，如封面与内文的纸张、油墨种类等，做出工价估算，即印刷品制作的策划。

(3) 彩色桌面出版系统制作：彩色桌面出版系统是20世纪90年代发展起来的印前设备。根据施工单和原稿，进行文字录入与排版(文字原稿依照设计要求组成规定版式的工艺，叫作文字排版，书籍、杂志等书版印刷物是以文字排版为基础的)。原稿中的图像要经过扫描分色、加网，然后图文混排组版，拼成大版后，由激光照排机输出四色网点胶片原版。

(4) 晒版与打样:胶片原版与预涂感光版密合,经晒版机曝光、显影处理后,得到黄、品红、青、黑四色金属印刷版,打出彩样和文字黑白样张。原稿与样张一并交客户审查,如无异议则客户签字后交付印刷。

(5) 印刷:重新晒版后上机印刷。现在的高速多色胶印机可以一次完成一套四色版印刷任务,八色胶印机可以同时完成双面各四色印刷。

(6) 装订:根据出版社要求,对印刷半成品进行精装或平装的印后加工。一般精装书的许多工序还需手工操作完成,平装书可以在自动流水线上一次完成。

随着21世纪初计算机制版、印刷技术的强势介入,图文复制技术不断地发展,已出现了静电印刷、喷墨印刷等方法,眼下的经典印书工艺不知还能延续多久。新型印制工艺如计算机直接印刷,既可以节省胶片等材料,又可以节省人力、时间和加工场地,还能够减少感光材料制作过程中对环境的污染,也许3～5年,也许只要1～2年后,便可以广泛使用。印刷品具有传播和储存信息的功能,它不需借助任何仪器设备,仅通过视觉感官即可获得信息,具有比录音、录像、摄影、电影、电视等的信息传播、储存方法更加简单便利的优势,因此,印刷作为最基本、最简便的信息传播、储存手段,仍将发挥不可替代的作用。

印刷的蓝本——原稿

在传统印刷过程中,完成一件印刷品的复制包括五大要素:原稿、印版、油墨、印刷设备、承印物。对于现代数字化印刷模式,印刷只需要四大要素,即原稿、油墨、承印物、印刷设备。可以发现,任何时候的印刷,可以没有印版,却离不开原稿。用规范的术语来说,原稿是制版所依据的实物或载体上的图文信息。原稿是印刷过程中被复制的对象,是制版、印刷的基础,是水之源、木之本。也就是说,如果没有好的原稿,就不可能获得高质量的印刷品。日常生活中大家熟悉的画家的作品、作家的手稿、黑白或彩色照片、照相底片、商品的包装盒等实物、网络图片、数字照片,甚至原来的印刷品都可以作为原稿。如果对印刷中不同类型的原稿及其特点了如指掌,一方面可以根据它们的类型特点选择合理的生产工艺,达到事半功倍的效果;另一方面,也可以针对每幅原稿的特点扬长避短,使复制品做到"忠实于高质量的原稿”,或者“高于一般质量的原稿”,以最大限度地使客户与消费者满意。

原稿可按不同标准如原稿内容、载体透明的特性、色彩、图像的反差、原稿的形式等进行分类。

从内容的角度可将原稿分为文字原稿和图像原稿。文字原稿指的是作者的手写稿或者电子文本。图像原稿又分为线条原稿和连续调原稿。线条原稿是由黑白或彩色线条组成图文、没有色调深浅感觉的原稿。这一类原稿有手书文字、美术字、图表、钢笔画、木刻画、版画、地图等。连续调图像原稿是指画面具有连续的、深浅层次变化的作品,如照片、国画、油画、水彩画、水粉画、年画、素描、喷绘画稿等。

按载体的透明特性可将原稿分为反射稿和透射稿两种。反射原稿是以不透明材料为图文信息载体的原稿,如照片、各种画稿、印刷品原稿等。透射原稿是以透明材料为图文信息载体的原稿,如负片、天然色反转片等。使用最多的是天然色反转片,其图像是被摄物体的正像,色彩与被摄物体相同。此类原稿色彩鲜艳,层次分明,清晰度高。彩色负片是指我们生活中熟悉的彩色底版,其图像是被摄物体的反像,与被摄物体的明暗程度恰好相反,与被摄物体的色彩互为补色。由于彩色负片的反差系数小,形成彩色透明影像的反差偏低,色彩又与实物的色彩互成补色,所以在观察时要正确判别图像不如天然色反转片容易,因此极少用作原稿。

按照色彩特点可分为黑白稿和彩色稿;按照图像反差大小可分为高反差、中反差、低反差原稿。一般说来,彩色原稿使用最多,通常要求其阶调丰富、层次分明、清晰度高、反差适中、色彩鲜艳、不偏色等。

随着电子、信息技术的发展和普及,质量很高的电子原稿的应用越来越广泛,如数字照片、光盘图库和网络图片等。

通过鉴别原稿的质量,在制版或印刷过程中还可采取适当的措施,弥补和纠正原稿中的不足和缺陷,在一定范围内提高产品印刷质量。

信息之桥——印版

在传统印刷过程中,印版是重要因素之一。印版是用于传递油墨至承印物上的印刷图文载体。将原稿上的图文信息制作到印版上,印版版面便有图文部分和非图文部分,印版上的图文部分是着墨的部分,也叫作印刷部分，非图文部分在印刷过程中不吸附油墨，所以又叫空白部分。就像我们从长江南岸到达北岸必须要经过长江大桥一样，要想把原稿上的图文信息传递到承印物上，也必须有印版这座桥梁。印版的质量是不可忽视的，它代表着一个企业印前处理的水平，也是直接影响印刷品复制质量的关键因素。

印刷业内把印刷分为凸印、平印、凹印、孔印四种类型，是根据印版特点来分的，因为印版类型不同，所以印版版材、制版工艺、印刷设备甚至承印物都可能不同。

凸版的文字笔画和图形部分凸出于版面之上，像一个大印章，直接把油墨传递给承印物。它是使用历史最长的一类印版，自 7 世纪问世以来，先后被人们选做印版的有木版、泥活字版、木活字版、铜活字版、锡活字版、铅活字版、铅浇铸版、铅镀铁版、铜锌版以及橡胶凸版和感光树脂版等柔版。

平版版面上图文部分和空白部分只有几微米的差别，摸上去几乎是平的。它是利用油水不相混溶原理进行的间接印刷，这一点有别于其他印版。它不是直接与承印物接触传递图文信息，必须通过中间媒介——橡皮布将图文信息转移给承印物，所以橡皮布名头也不小，人们也常常把“平印”称为“胶印”。平版印刷只有 200 多年的历史，论时间只是凸版的小弟弟，但却后来居上，发展神速，而今已分得印刷市场很大一块蛋糕。平版印版版材先后使用过石版、蛋白版、平凹版、多层金属版、PS 版等，眼下 PS 版正大行其道。随着 10 余年来 CTP(计算机直接制版)技术的日益成熟与普及，目前 CTP 印版如银盐版、光聚合版、红外热敏版、喷墨版等几大类，正不断进入印刷市场。

凹版与凸版正好相反，印版上图文部分凹下，空白部分凸起并在同一平面或同一半径的弧面上，版面图文部分凹陷的深度和原稿图像的层次相对应，图像愈暗，凹陷的深度愈大。该工艺 18 世纪末才传入我国，一般都是以铜做版，或雕刻或照相腐蚀，过去是手工雕刻、机械雕刻，后来是电子雕刻。印刷时先整版上墨，再刮去版面空白处余墨，印版凹下的图文处直接向承印物传递油墨。凹版制作相对难度大，成本高，但耐印率可高达百万，所以只有印钞厂、邮票厂、卷烟厂等大型企业才会使用。

孔版比前面三者都特殊，它的版面由可以将油墨直接漏印至承印物上的孔洞组成。孔版使用历史也非常悠久。由于前三者一般局限于平面印刷，只有孔版可以在各种曲面或平面上施印，承印材料又十分广泛，除了水和空气之外，对任何物体都可大显身手，已经成为名副其实的“装潢印刷大王”。常用的印版有誊写版、镂空版、丝网版等。

眼下的平版印刷领域内，已经出现了计算机直接制版技术，省却了中间的许多人力、物力、胶片和时间，生产效率大大提高。更可喜的是计算机直接印刷技术，即无印版印刷技术已经问世，进一步省掉了印版成本。近年来我国印刷出版业普及新技术的能力之强已令世界瞩目，我们期待着在不太遥远的未来，平版印版的身影会逐渐淡出印刷历史舞台。

信息之舟——承印物

印刷的过程是使用印版或其他方式将原稿上的图文信息转移到承印物上。显而易见，承印物是接受、承载原稿上各种图文信息并负责把它们传送给广大印刷品消费者的信息之舟。

随着印刷技术的发展，印刷中使用的承印物种类日益增多，包罗万象，有纸张、塑料薄膜、纤维织物、金属、木材、陶瓷等等，除了水和空气，承印物几乎无所不包。目前，用量最大的是纸张，其次是塑料及复合材料。

塑料及复合材料如聚乙烯(PE)、聚丙烯(PP)、聚氯乙烯(PVC)、聚苯乙烯(PS)、聚酯(PET)、尼龙、玻璃纸等，具有良好的机械强度，质轻、防潮、抗水、抗腐蚀、平滑性高，适合用凹版、柔版、孔版方式印刷，已成为广泛使用的包装类承印材料。

纸张的原料包括木材、棉、麻、稻草、竹子等，用物理和化学的方法把纤维原料制成纸浆，经过成型、脱水、烘干、压光等一系列处理制成纸张。

印刷纸张分为平板纸和卷筒纸两种。全张平板纸的幅面尺寸有几种，A系列的国际标准尺寸是：880 毫米×1 230 毫米。卷筒纸的长度一般 6 000 米为一卷，宽度尺寸有 1 575 毫米、880 毫米等几种。

印刷行业对纸张厚度不是用毫米等长度单位表示的，而是采用单位面积内重量，即每平方米重多少克的定量表示。定量愈大，纸张愈厚。定量在 250 克/平方米以下的为纸张，超过 250 克/平方米的则为纸板。平时阅读的书报，是用 60 克/平方米左右的纸张印刷的。

纸张的性能主要有：印刷适性、机械强度、厚度、紧度、平滑度、吸墨性、弹性和塑性、表面强度、含水量等。

通常印刷用纸按照用途分类，常用的是新闻纸、凸版纸、胶版纸、铜版纸和特种纸等几大类。

新闻纸又称白报纸，包装形式为卷筒纸，通常主要用凸版、平版、凹版印刷报纸和期刊。

凸版纸是凸版印刷的专用纸张，有平板纸和卷筒纸两种包装形式，主要印刷书籍、杂志。

胶版纸有平板纸和卷筒纸两种，主要供平版胶印机印制较高级的彩色印刷品，如书刊及封面、杂志插页、画报、宣传画、商标、教材等。

铜版纸又名涂料纸，是在胶版纸、凸版纸等表面涂布一层白色涂料后再进行压光而成的高级纸张，适合平版、凹版印刷较高级的画册、书刊插页、年历、贺卡等。近几年，无光铜版纸印刷的画册、杂志既典雅，又不会因纸面反光刺激眼睛，最适合印刷具有观赏价值的画册。

特种纸是经过专门加工、适合特殊用途的纸张，如牛皮纸主要用于信封、纸袋等；拷贝纸薄而韧，可印刷多联复写本册；打字纸主要用于单据、表格及多联复写凭证等；书写纸主要用于练习册、笔记本、表格和账簿等；淡黄色的毛边纸只宜单面印刷古装书籍；薄型字典纸主要用于印刷字典、经典书籍；压纹书皮纸颜色分灰、绿、黄、红、蓝等，用来印制单色书籍封面；还有用于商品包装的白板纸、用于高档商品包装的铝箔纸、用于印刷地图的地图纸、用于印刷钞票的证券纸、适用于办公自动化的无碳复写纸等，形形色色，不一而足。

近年来，一种以聚丙烯（PP）和无机填料制成的耐用、防水的新型合成纸，已开始用于画报、图片、年历、商品包装、有价证券等的印刷。合成纸的制造不需要天然纤维，有利于环境保护，是一种很有发展前途的印刷用纸。

信息的外衣——油墨

我们看到印刷品时，第一印象就是黑色或彩色的文字、花纹、图像的再现，这都是因为印版上的图文信息穿上了彩色油墨外衣，并转移、固着于承印物表面的缘故。油墨是最重要的印刷材料。

油墨是一种比我们见到的油漆更黏稠的黏流态混合物，是由颜料和连接料等物质组成的。颜料是不溶于水或油性溶剂的有色粉末，常用的是合成有机颜料。由于颜料是油墨最主要的成分，是印到承印物体上可见的有色物质，所以要求颇高。彩色颜料的色调要纯净鲜艳，三原色品红、青、黄色颜料透明度要高，要有耐水、耐光、耐碱、耐酸、耐醇和耐热等性能。连接料是透明液体，可以是各种干性植物油、矿物油、合成树脂或水等。它的作用是使颜料粉末均匀分散，印刷后成膜使颜料固着于印刷品表面。油墨的质量好坏，除与颜料有关外，主要取决于连接料。

油墨种类很多，如果按油墨颜色分，有黄、红、蓝、白、黑、金、银、荧光色、珠光色等；按油墨干燥性能分，有渗透干燥型、氧化聚合型、挥发干燥型、光硬化型、热硬化型、冷却固化型等；按印版分类有凸版油墨、平版油墨、凹版油墨、孔版油墨、特种油墨；按功能分有发泡油墨、香料油墨、食用油墨、磁性油墨、荧光油墨、珠光油墨、导电油墨、金属粉油墨、防伪油墨及其他供特殊用途的品种；按印刷品用途分有软管油墨、印铁油墨、制版墨、玻璃油墨、标记油墨、盖销油墨、喷涂油墨、复印油墨、打码机油墨等；按成分不同可分为干性油型、树脂油型、有机溶剂型、水性型、石蜡型、乙二醇型等油墨；按用途分有新闻油墨、书籍油墨、包装油墨、建材油墨、商标用油墨等。

世界公认为无公害的油墨新品种——紫外线油墨(UV 油墨)值得我们详细介绍。在近 10 年中，经过引进、探索、试用，紫外线油墨已经进入成熟、普及阶段。紫外线油墨是利用波长比可见光更短的紫外线辐射，通过瞬间的光化学反应，使油墨从液态固化成膜。固化所采用的紫外光波长为 250～400 纳米，常用的紫外线光源为高压汞灯和金属卤素灯。紫外线油墨的成分包括光敏树脂、活性稀释剂、光引发剂、具有一定极性的颜料和助剂。其主要优点是固化快，无污染，耗能低，效率高，质量高，适用范围广，墨膜耐热性、耐溶剂性和耐划伤性均好，尤其适合于食品、饮料、烟酒、药品等卫生条件要求高的包装印刷品。从环保、质量、技术发展的角度考虑，紫外线油墨都具有明显的优势和广阔的发展前景。

随着印刷技术不断网络化与数字化，数字印刷已在国内外开始普及，一种新型油墨——电子油墨已进入印刷领域。电子油墨包含带电液体油墨微粒，可以通过电子技术控制颜料颗粒的位置，可印刷出高亮度、高清晰度、光滑持久、更薄墨层的彩色图像，可在各种材质如纤维、塑料、玻璃或纸张等基材上印刷，还具有即时干燥、耗能低、在强烈的日光紫外线照射下不褪色等优点。我们期待着电子油墨早日在整个印刷出版业和包装业中大显身手。

雕版印刷工艺

雕版印刷是一种古老的印刷方式，是将文字、图像雕刻在平整的木板上，再在版面上刷上油墨，然后在其上覆盖纸张，用干净的刷子轻轻地刷过，使印版上的图文清晰地转印到纸上的工艺方法。

雕版印刷的工艺过程是这样的：首先，是雕刻印刷版，一般是把要雕刻的内容先写在纸上，然后将写好的纸稿反贴于预先准备好的木板表面，由刻板工依样刻板。其次，是刷油墨，即先将雕刻好的印版固定在一个台面上，用刷子蘸上油墨均匀地涂布在印版的表面，从而完成刷墨的过程。最后就是印刷，印版刷好油墨后在印版表面覆盖上一张纸，用干净的刷子轻轻地拍打整个纸面，揭下纸张之后便完成了一次印刷。

印书的印版主要是使用纹理细密、质地均匀、加工容易的木材，主要有梨木、枣木、梓木、楠木、黄杨木、银杏木等。一般北方多选用梨木、枣木等，南方则多选用梓木、黄杨木等。枣木、黄杨木等质地较硬，多用于雕刻较精细的书籍和图版；而梨木、梓木等质地较软，多用于最常见书籍和图版的雕刻。

在印版的雕刻中，主要使用的工具有刻刀、不同规格的铲刀和凿子。刻刀形状、大小不一，用于雕刻不同大小的文字和文字的不同部位；铲刀和凿子主要用于文字空白部分的雕刻。此外还需要锯、刨子等普通木工工具和一些附属工具如尺、规矩、拉线、木槌等。

雕刻印版的过程大致可以分为写版、上样、刻板、校对、补修等几步，在校正无误后，方可用于印刷。

早期的雕版印刷工艺十分简陋，一般只是单页小型的印刷品，如一首诗、一幅图画等，后来随着雕版印刷工艺水平的提高，才出现了印刷大篇幅图文的印刷品。印刷品的版式，也是随着印刷工艺的提高而不断改进的，版式种类也愈加丰富多彩。初期的印刷品是单页的形式，版式也不固定，这时的版式主要是上图下文，版面呈矩形，符合 1∶0.618 的黄金分割比例。后来出现的印刷品虽然是整部书或整卷佛经，但仍采用写本的卷轴装帧形式，除高度统一外，在宽度方面比较随意，一般以单张纸的宽度为准。到了唐代后期由于出现了旋风装、经折装和册页装等书籍装帧形式，版面的形式也就因此而得到了统一。

“木刻水印”也称饾版印刷，出现于明末清初，是传统雕版印刷技术的一次创新。所谓“饾版”就是把一幅画的画面分成若干块大小不等、各自为画面的版面，分别制成不同颜色的雕版，逐块拼印在一张宣纸的不同部位，即成为整幅图画。一幅画多的时候有几十块甚至上百块版。这些版颜色不一，花纹各异，印痕细如发丝，高低层次分明，印制出来的水印画触摸起来有凹凸感，令人叹为观止。其印刷难度之高同样令人惊叹。

雕版印刷今天使用得已经非常少了，但是“木刻水印”现在还有应用，主要用在复制国画等艺术品上，具有几可乱真的效果。

平版胶印工艺

平版印刷工艺是指用图文与空白部分处在同一个平面上的印版（平版），利用油水不相混溶的原理转移油墨的印刷工艺技术，主要包括石版印刷、珂罗版印刷、PS 版印刷等几种印刷方式。

目前通常采用的 PS 版（预涂感光版）平印是先将印版上的图文转印到橡皮布上，再由橡皮布与承印物接触，进而将印版上的图文间接转印到承印物上去的印刷方式，又叫胶印。

胶版间接印刷的发明，是平版印刷术的一项重大改革，对平版印刷乃至整个印刷业的发展具有重要意义。

PS 版的制版工艺是：把阳图底片同预涂版的感光胶面密合后曝光。在光的作用下，版面空白区域的感光树脂发生光分解反应，生成可溶于碱性溶液的有机酸，图文区域没有感光，仍然是亲油的，然后经显影、冲洗、烘干、擦阿拉伯树胶、上墨后即可上机印刷。

PS 版的制版工艺简单，使用方便。其印刷图文部分是以未感光的高分子树脂为基础，亲墨性好，耐印力高。如果还需要进一步提高耐印力，可经 220℃左右的高温烘烤，使图文区域的感光树脂分子进一步发生交联反应，生成网状结构，彻底失去感光性，以增强成膜性和亲油性，提高版面强度和耐印力。经烘烤过的预涂版耐印力可提高到 30 万印以上。

平印擅长彩色印刷。一般情况下采用四色印刷方式,即用黄色、品红色、青色和黑色 4 种颜色,叠印出各种绚烂的色彩。常用四色印刷机可一次给纸,完成四色印刷。

平版印刷的工艺流程是这样的:印刷前准备→试印刷→正式印刷。

印刷前准备主要包括纸张的吊晾和堆放、油墨的调配、润版液的调配、印刷机的调节准备等。试印刷是开机试印少量产品,对照样品进行反复调节,使输纸协调,供墨、供水量适当,印刷压力正常,墨色无误,套印准确。当试印产品达到样张质量要求时,便可进行正式印刷。

平版印刷产品印迹清晰,色调柔和,层次丰富,质量优越,印刷速度高,自动化程度高,是当今世界最重要的印刷方式。

无水胶印技术

平版胶印所采取的是水墨相斥的原理,即在同一块金属平版上既有水又有墨,利用水与油墨之间的推斥力,将油墨限制在印版的图文部分,再转移到承印物上。这样印刷出的产品质量的好坏常取决于水与墨的平衡,而供水系统故障又是有水印刷中许多弊病的直接因素。

无水印刷顾名思义就是与现在的平版有水胶印相比较去掉了水的因素,是在印版的空白部分直接采用排斥油墨的物质涂层,限制油墨的铺展,达到印刷的目的。简单地讲,无水胶印印版所采用的是硅胶拒油原理,在感光层上再涂一层硅酮胶层。未用过的版在曝光前感光层与硅酮胶层牢固地黏附在一起。印版曝光时,感光处(非图文部分)产生光聚合反应,使上层的硅酮胶层黏附而固定,图文部分硅酮胶层显影去除,制成印版。

在无水平版印刷中,由于不存在润版液的影响,网点变形量较小,产品网点油墨饱满,图文色彩鲜艳光亮,并消除了由于有水而造成的印刷品墨色不均匀、油墨乳化色斑、背面沾脏、水辊杠印等质量问题。另外在机械的调整上也可以省去水系统的调整和维护。没有了水的因素,无须润版药水、水辊系统及相关配件,因此缩短了开机前的准备时间,降低了纸张的消耗,从而降低了印刷成本。

目前国际上无水印刷新技术、新材料飞速发展,对无水胶印的使用也在不断增加。虽然还存在着一定的不足之处,但是随着技术的进步和劳动生产力成本的提高，特别是对于高质量的精美纸包装而言，无水胶印技术占有巨大优势，并将得到进一步的发展和推广。

凸版印刷工艺

顾名思义，凸版印刷是指印版着墨部位呈现凸起状，高于空白部位的印刷方法。印刷时，在凸起的部位涂上油墨，并且直接将图文印到纸上。凸版按照版材和制版方法的不同，分为雕刻凸版、照相凸版、木刻凸版、铅印版等。

雕刻凸版一般以手工或机械直接雕刻而成，也有用雕刻凹版原版经过机械过版或电镀翻铸而成，版材常为铜质。

照相凸版是用照相腐蚀方法制成凸版。根据所使用的版材不同，有照相铜版、照相锌版。其制版方法是先把原稿照相分色，阴片经修正后，晒版到涂有感光剂的铜(锌)版上，经过腐蚀后，制成图文凸起的有网纹的印版。

木刻凸版简称木刻版，是将图文雕刻在木板上制成的印版，用手工或机械方式逐枚盖印。

铅印版是铅版和活字版的统称，现在已不再使用。

凸版印刷的工艺流程为：印刷准备→装版→印刷→质量检查。

印刷的准备工作包括了解施工工艺单；对印刷机进行一般的调整、加油、清洁；检查印版的质量、印版的固定和摆版情况等。

装版工艺可以使印刷质量和规格尺寸符合作业要求。装版工作包括垫版与整版。垫版是调整版面各部分的高低，目的是使其压力均匀，并达到整副版的各个部分在同一个水平面上。整版的方法有划样、戳样和套红墨样三种。

印刷是在装版之后进行的，是由压印滚筒对纸张和印版施加压力，并将印版上的油墨转移到纸张上的工艺过程。

质量检查包括印刷品内容的质量和印刷技术质量。内容质量包括内容的完整性、文字和图形不能变形；技术质量包括规格正确、版面墨色均匀、压力均匀、字面整洁等等。

凸版印刷是最古老的印刷方式，半个世纪以前，几乎所有的印刷品都是用铅活字凸版印刷的。随着时光的飞逝，铅活字已经被淘汰，但是采用了新材料和新工艺的柔版印刷，作为古老印刷技术的新生，正放射出新光芒。

凹版印刷工艺

凹版印刷的印版图文部分低于空白部分，其凹陷程度随图像的层次深浅不同，图像层次越暗，其深度越深，空白部分则在同一平面上。印刷时，全版面涂布油墨后，用刮墨机构刮去平面上（即空白部分）的油墨，使油墨只保留在版面上低凹的图文部分，再在版面上放置吸墨力强的承印物，施以较大的压力，使版面上图文部分的油墨转移到承印物上，获得印刷品。因版面上图文部分的凹陷深浅不同，所以图文部分的油墨量就不等，印刷成品上的油墨层厚度也不一致，油墨多的部分显得颜色较浓，油墨少的部分颜色就淡，因而可使图像显示出浓淡不等的色调层次。

凹版印刷的制版以雕刻凹版为主，是以金属（主要是铜板和钢板）为版材，在金属板平面上雕刻凹下的图文制成凹版。

19 世纪末出现了照相凹版制作技术，俗称影写版，是照相制版术应用于凹版制作的工艺技术。

20 世纪 60 年代出现并逐渐完善的电子雕刻凹版技术，是目前大量使用的主要技术方法，它利用电子雕刻机，按照光电原理控制雕刻刀，在铜滚筒表面雕刻出凹陷网穴，其面积和深度都有变化。

我国的手工雕刻凹版技术是世界一流的。手工雕刻的独特刀锋韵味、精湛艺术风格是其他制版方法无法比拟的。中外各国纸币的人像历来都是采用手工雕刻，手工雕刻表现人物特征别具风格。手工雕刻的版纹印出的产品墨层厚、手感好、防伪性强。凹版是最早用于防伪领域的印刷技术，至今依然有着广泛的应用。

丝网印刷工艺

丝网印刷是一种古老的印刷方法，源于我国夹缬印花法。早在 2 000 年前的秦汉时期就有夹缬蜡染印花的方法。

丝网印刷的基本原理和工艺是：丝网印版的部分网孔能够透过油墨，漏印至承印物上形成图文，印版上其余部分的网孔堵死，不能透过油墨，在承印物上形成空白。制版方法一般以丝网为支撑体，将丝网绷紧在网框上，然后在网上涂布感光胶，形成感光版膜，再将阳图底版密合在版膜上晒版，经曝光、显影，印版上不需过墨的部分受光形成固化版膜，将网孔堵住，印刷时不透墨，印版上过墨部分的感光膜显影时去除，印刷时油墨透过，在承印物上形成墨迹。印刷时在丝网印版的一端倒入油墨，油墨在无外力的作用下不会自行通过网孔漏到承印物上，当用刮墨板以一定的倾斜角度及压力刮动油墨时，油墨通过网版转移到网版下的承印物上，从而实现图文复制。

丝网印刷具有成本低、见效快、附着力强、着墨性好、墨层厚实、立体感强、耐光性强、成色性好、承印物广泛、印刷幅面大等许多优势，是目前应用最为广泛的一种印刷形式。

丝印制版主要有间接菲林晒网法、直接菲林晒网法两种。

丝网印刷分支很多，印刷原理和工艺多以手工为主，其工艺流程通常包括：印刷准备→刮墨板调整→印刷→印品干燥。

丝网印刷机有平面丝印机、曲面丝印机、静电丝印机等几种。

柔版印刷工艺

近几年，在包装印刷界，大家都感受到一种崭新的印刷方式——柔版印刷正以前所未有的强劲势头向我们走来。柔版印刷具有独特的灵活性、经济性，并对保护环境有利，在西方发达国家已被证实是一种“最优秀、最有前途”的印刷方法。

柔版印刷作为特殊的凸印方法，最初称为“苯胺印刷”，其得名来源于该印刷方式在当初产生的时候使用苯胺染料制成的挥发性液体色墨。随着科技的进步，颜色虽鲜艳但容易褪色且毒性较大的苯胺类油墨不再被使用，到1952年10月21日美国包装学会第十四届学术讨论会上将该印刷方式正式命名为“Flexography”，含义为可挠曲的印版，即柔版印刷。

柔版印刷流程一般如下：承印材料→印刷（包括反正两面印刷）→上光油或覆膜→模切→切断→检验→入库。

因为柔版是由一层较硬的聚酯版基和高弹性感光材料构成，因此其最明显的特点就是具有弹性。

柔版印刷速度要结合具体的生产情况来定，机器启动时从低速开始，调整各个色组印刷版滚筒的位置，套准之后再逐渐提高机器速度，并要同油墨的干燥性能相适应，同时还要注意机器速度不能过快，以防发生油墨粘脏，造成不必要的浪费，甚至影响生产。柔印张力的调节和控制十分重要，如果张力不当，会导致印刷品套印不准、走料偏斜、收卷不整齐等故障。

印刷过程中，还要随时检查油墨的黏度、pH 值和干燥性能。

无版印刷技术

关于数字印刷的定义有两种说法，一种是指无版印刷（电子印刷、喷墨印刷等），还有一种是包含 DI（在印刷机上直接成像）的印刷方式。

无版印刷指的是不使用传统意义上的印版（模拟印版）的复制方式。无版印刷是将存储于图像记忆体中的信息在无印版条件下印刷到承印材料上的方法。从这个意义上说，其优点是，对于小批量印刷，它比有版印刷要快，且工价便宜。

无版印刷主要有喷墨印刷、热转印印刷和电子印刷三种。

（1）喷墨印刷：自从 20 世纪 50 年代美国 A. B. Dick 公司研制成功喷墨印刷以来，发展顺利，已成为印刷技术中的名角。据调查，喷墨印刷在无版印刷市场的占有率为 12%左右。

喷墨印刷一般分为连续喷射方式、间歇喷射方式、应需喷射方式等，它直接与电脑联机，用以解决高速、小批量印刷和按需印刷。因为是非接触式的印刷方法，可以在立体物件上印刷，这是它的最大可取之处。

（2）电子印刷：电子印刷分为电子照相印刷、静电印刷、离子放电成像法等。

目前，电子照相印刷是无版电子印刷中的主流，其主要手段是靠粉体显影，是利用光能量来完成印刷的。其原理是在带正电荷的感光层上，利用光能将原稿曝光上去，凡是光接触的地方正电荷消失，感光层上光未照到的留下了电荷，然后撒布带负电的着色粉末，粉末便静电吸附到感光层带正电荷部分上，将它与纸张密合，从纸张的背面施予正电荷，粉末便转印到纸上，经过加热或溶剂蒸发，即可固定在纸面上完成印刷。

（3）热转印印刷：热转印方式分为蜡质墨转印和染料转印。染料转印又分为熔化热转印和升华热转印。前者依靠常温可使用涂布了固体墨的转印丝带，而后者则使用涂布了升华性染料墨层的转印丝带，一般都使用图文发热的印字头来熔化蜡质墨或染料，使图文转印到普通纸上。升华热转印法需要较大的热能量，现已应用到彩色打印机和服装的印染方面。

总之，随着信息技术的飞速发展，无版数字印刷技术得到广泛应用，它以其灵活、快速以及高品质的再现效果，为印刷业提供了广泛的发展空间，同时也使得业内各个领域的竞争愈加激烈。

计算机排版工艺

排版是指依据原稿的设计要求，组成规定版式的工艺过程。排版是制版过程中的一个重要组成部分，它的发展经历了铅活字排版、手动照排、计算机排版的过程。

计算机排版利用电子计算机及各种辅助设备，完成从文稿和图表的录入、编辑、修改、组版，直至得到各种不同用途、不同质量的输出结果。利用电子排版系统，可以减轻劳动强度，缩短出版周期。

计算机排版工艺包括排版设计、版面元素输入、编辑处理、校对、版面输出这几步。

排版设计是计算机排版的重要组成部分，是伴随着现代科学技术和经济的飞速发展而兴起的，是文化传统、审美观念和时代精神风貌的体现，被广泛应用于报纸广告、招贴、书刊、包装装潢、直邮广告、企业形象和网页等所有平面、影像领域。

印刷术和照相排版机的产生与广泛应用，使排版设计更具有创造力。尤其是文字编排的任意放大或缩小、加宽或变长、倾斜或扭曲，使设计师能自由灵活地张开想象的翅膀，从以往铅字排版的桎梏中解放出来。

版面元素输入是通过不同的方式，将文字、图像等版面信息输入计算机的过程。文字的输入往往采用键盘编码输入（五笔字型等）、手写输入、语音输入、媒体拷贝等几种形式。图像的输入往往采用扫描仪、数字相机、绘图仪等设备进行。

编辑处理是按照排版要求，使用不同的排版软件，将文字和图像排成需要的版面形式，并显示出来，用于校对、修改和输出。

校对是将校样与原稿对照比较，找出错漏，并在计算机上进行修改。

版面输出是按照后期印刷的要求，在不同的输出设备上，输出承印物、胶片、数字印版等。

彩色桌面出版系统制版工艺

当印刷发展到告别铅与火、走向光与电的今天，新的制版方式应运而生，桌面制版成为当今制版的潮流。桌面制版是采用彩色桌面出版系统制作印版的工艺过程，它可以将纷纭复杂的制版工艺，全部放在一张办公桌上进行。

利用彩色桌面出版系统进行制版时的主要工艺流程为：收集资料→扫描图片→文字录入→图像设计→版面编排→输出胶片→打样→校对→成品。

当我们对所要设计的对象有所了解后，首先要收集相关的文字和图片，并输入到计算机里面，利用预先建立好的模板，排版设计师在计算机上把文字加到电子版面中，版式设计师就可以选定字体和字号，并且可以马上进行修改，也可以方便、快速地插入、缩放甚至旋转和剪切图片。在整个版式设计过程中，版式设计师可以随时用激光打印机打印样稿，以便检查图片和文字的位置。

所有的桌面出版系统都包含相同的组成模块，如：计算机、输入输出设备及出版软件。

输入设备负责把内容输入到计算机中，和键盘能把所打的字符输入到计算机中一样，鼠标、扫描仪等都是输入设备。输出设备使你能够得到计算机反馈的信息，显示器就是一种输出设备。对任何桌面出版系统而言，拥有一台黑白激光打印机是非常必要的。它可以快速、经济的输出版面校样，如果出版过程中要用到彩色页面，可以使用一台彩色喷墨打印机，以补充黑白激光打印机的不足。当然，也可以使用激光照排机直接输出胶片。

计算机直接制版工艺

图文处理系统的开放性及数字化、网络化已成为当今电子印前系统的基本特征，计算机直接制版浪潮已在全球印刷业掀起。

直接制版技术是将电子印前处理系统（CEPS）或彩色桌面系统（DTP）编辑的数字或页面直接转移到印版上的制版技术。在材料方面省去了感光胶片及其化学冲洗品；在工艺方面省去了胶片曝光冲洗、修版、晒版等环节；在设备方面省去了暗室及胶片曝光冲洗设备；在效益方面降低了成本，节省了时间和空间；在质量方面影像转移质量明显提高；此外，还减少了环境污染。

直接制版系统采用全新的物理成像技术思路，彻底摆脱激光束缚和感光材料的使用，利用喷墨或其他设备直接在胶片、纸张、PS版面上打印出所需的图文部分，减少了图像转移的次数，真正实现100％转印，无内容损失，直接输出大幅面图文，无须拼版、修版。

直接排版系统既有直接制版、直接打样的功能，又具有直接喷墨印刷的某些特点，它的标准组成为：直接制版机（如EPSONPRO 9000等）＋专用印刷软件＋专用耗材。

对采用直接制版机的胶印机而言，直接制版机作为印刷机的一部分，安装在各印刷机组的印版滚筒附近，它直接接收来自计算机的印刷版面信息，同时对各色组印版滚筒上的印刷版材进行制版动作，接着就可以直接进行印刷作业。

这一改变的巨大意义在于从此以后我们不需要校版了。传统的胶印操作中，套印问题始终是困扰操作人员的顽症之一，而今，计算机控制直接制版机在四色色组上同时定位、制版，版面位置被精准地确定下来，浪费大量材料和时间的反复试印、调节机器、找规矩的工作从此不再困扰我们。

直接制版技术作为印刷完全数字化的一个中间过渡环节，已经对印刷业产生了巨大的冲击，随着时间的流逝，它也必将占有自己的位置，写下自己的一页。

PS版制版工艺

平版印刷的印版上图文部分和空白部分几乎在同一平面上，空白部分具有良好的亲水性能，吸水后能排斥油墨，而图文部分具有亲油性能，能排斥水而吸附油墨。印刷时便利用这一特性，先在印版上用水润湿，使空白部分吸附水分，再上油墨，因空白部分已吸附水，不再吸附油墨，而图文部分则吸附油墨，印版上图文部分附着油墨后便可转移到承印物上从而完成印刷。

现代平版印刷多使用 PS 版即预涂感光版，是预先在铝板上涂布感光层，可存放备用，需要时可以随时使用。

使用 PS 版晒版时直接与底片密接曝光、显影即可，具有操作简单、耐印力高、性能稳定、质量好等优点，国内外胶印已广泛使用。

预涂感光版按照原版种类和感光原理可分为阳图形 PS 版和阴图形 PS 版。

阳图形 PS 版用阳图底片晒版。阳图形 PS 版的感光是利用重氮化合物见光后分解，然后用稀碱溶液显影而被溶解，露出铝版基，形成印版的空白部分，即非图文部分，而未见光部分的感光层未发生任何变化，也不被稀碱溶液所溶解，仍留在版面上，形成印版的亲油印刷部分，可直接吸附油墨。

阴图形 PS 版以阴图底片晒版。阴图形 PS 版的感光一般是利用重氮化合物见光后交联或聚合，成为不溶于显影液的物质，而未见光部分溶于显影液，因此，曝光后显影即可除去未感光层，露出版基，构成亲水性的空白部分，而见光部分的不溶性物质具有亲油性，成为图文基础。

PS 版的晒版工艺流程为：曝光→显影→上墨→除脏→烤版→擦胶。

PS 版的曝光采用专业晒版机进行，晒版光源可用具有近紫外光范围的光源，用手工显影，也可用 PS 版显影机显影。

版面上不需要的部分或脏点，可用除脏液把它除去，操作时可用小毛笔蘸上药液在版面上擦涂，然后用水冲洗清洁。

烤版的目的是提高印版的耐印力，一般预涂版的耐印力为 10 万印左右，如经过 230℃温度烘烤 10 分钟左右，印版耐印力能提高 4～5 倍。烤版有专用的 PS 版烤版机。PS 版如果不立即印刷，则要涂擦上一层保护胶存放起来。

柔版制版工艺

柔版的制版是通过阴图胶片将图文转移到印版上的过程，一般为：原稿→胶片（正阴图）→背曝光→主曝光→显影冲洗→干燥→后处理→后曝光→贴版。

首先用紫外光对版材进行背面曝光，其作用在于确定印版上浮雕的高度即腐蚀的深度，并固化地基。然后将印版与胶片密附在紫外光作用下进行正面曝光，以形成印版上的图文部分，并使之固化。再将印版置于溶剂中刷洗，刷去版材上未曝光部分，使图文部分形成浮雕。接着将印版放在烘干器中烘干，促使版材中吸收的溶剂尽快挥发，使印版的厚度恢复到原来的标准值。最后对烘干后的板材进行后曝光及去黏处理，以便进一步固化存留部分。

先进的柔版印刷直接制版可以大大地提高工作效率，省去胶片的消耗，节约材料，同时也极大地提高了制版质量，使图像的网点再现范围加大。

柔版印刷直接制版版材由树脂片基、感光树脂层、感光层上的黑色激光吸收层组成。感光树脂层和普通感光树脂版的感光树脂层是一样的，黑色激光吸收层能被激光烧蚀。

制版时，首先由直接制版机图像发生器发出的红外激光将图文部分的黑色吸收层烧蚀掉，裸露出下面的感光树脂层。由于光聚合型感光层对红外线不敏感，因此被激光烧蚀掉地方的感光乳剂层不受红外激光影响。

激光烧蚀后，即可对印版进行全面曝光，保留在印版空白处的黑色涂层挡住光线，使空白处的感光胶层不感光，而图文处的感光胶层由于失去了黑色涂层的保护，发生光聚合反应，即形成最终的图文部分。曝光后，一般数字柔版印刷版均能采用普通方式进行显影处理，即：溶剂冲洗、干燥和整理。有些数字柔版印刷版在用溶剂冲洗前，需要先把黑色涂层用水冲洗掉。

柔版印刷作为一种环保印刷方式，得到了迅速发展，柔版具有高弹性、高耐印率、高分辨率。当然要制作高质量的印版，除高品质版材外，还需要高品质的制版技术和制版设备。

电子雕刻凹版制版工艺

凹版印刷是用版面中图文部分低于空白部分的印版转移油墨的印刷方法。凸版、平版（胶印）是用网点面积的大小表现印刷品层次的，但凹版是用图文部分不同的凹陷深度对应印品上不同的墨层厚度表现层次的。

凹版制版分为雕刻凹版和照相腐蚀凹版（又称影写凹版）两大类。在雕刻凹版中，雕刻方法又可分为手工雕刻、机械雕刻和电子雕刻几种。凹版的制作技术有多种，就雕刻制版来说，除了手雕工艺外，还有机器雕刻、电子雕刻、激光雕刻等多种雕刻方法，这些雕刻方法各有特点和用途。

常用的电子雕刻凹版是采用电子分色加网平印网点阳图片为原稿，根据原稿的密度通过雕刻机由图像扫描信号带动金刚石刻刀进行同步直接雕刻。电子雕刻的凹版网点随图像层次有网点大小与网穴深浅的同时变化，随阶调加深有网点面积和网穴深度的同时变化，层次分辨十分精细，图像层次与反差能获得优良的再现。

电子雕刻机由原稿滚筒（或叫扫描滚筒）、印版滚筒、扫描头、雕刻头、传动系统、电子控制系统等组成。其工作原理是：扫描头对原稿进行扫描，从原稿上反射回来的强弱不同的光信号，经过光电转换器转换成电信号，再通过放大器和数据处理，使光的强弱转换为电流的大小，控制雕刻头在铜滚筒上进行雕刻。

电子雕刻机工作时，原稿滚筒和雕刻滚筒同步运转，同时，雕刻系统沿着滚筒轴向移动，用尖锐的钻石刀具在雕刻滚筒上按信号雕刻出网穴。雕刻系统由扫描系统通过计算机来控制，铜滚筒上形成的穴网，是计算机中的附加信号生成的，此信号能使刻刀产生连续有规则的振动，网穴的大小及深度由原稿的密度来决定，被扫描原稿的密度和被刻出的网穴深度之间的数量关系，可以在计算机上调整。

丝网制版工艺

丝网印版的制版方法有多种，主要有直接法、间接法、混合法等。各种制版方法所得到的印版质量也不同，其耐印力、精细程度和成本都不同。

直接法是往绷在框架上的丝网表面直接涂布感光液，经晒版、显影制成丝网版。其工艺流程如下：绷网→丝网前处理→涂布感光液→晒版→显影。

在框架上绷丝网叫绷网，是把丝网裁剪成比框架四周稍大的尺寸，用钉子或胶将其固定在木质或金属框架上。丝网绷在框架上要有一定的张力，绷网时所使用的张力要均匀一致，可以手工绷网，也可以在绷网机上绷网。

丝网前处理主要是用20%的苛性钠溶液对绷好的丝网进行脱脂处理，然后用水冲洗干净。

涂布感光液是将配制好的由重铬酸盐和明胶或聚乙烯醇组成的感光液，均匀地涂布在丝网上，待干燥后使用。

晒版是用阳图底片，使用专门的丝网晒版机，进行密接曝光。

显影是把曝光后的丝网架浸入水中，喷射冲洗丝网，将未受光的胶膜冲刷掉，形成图文部分。擦干后再全面曝光，增强胶膜的附着度，提高耐印力。

间接法是在涂有感光层的胶片上进行制版，然后把它转拓到丝网上。间接法丝网制版工艺流程如下：在感光胶版上曝光→活化处理→显影→冲洗→往丝网上转拓→四周涂胶→揭去胶片片基→修整。

用阳图底片进行曝光、晒版，晒版机可使用平版晒版机或专用晒版机。

直接间接混合法是上述两种方法的结合，先将感光胶片用水、醇或感光胶粘贴在丝网框架上，经热风干燥后，揭去感光胶片的片基，然后晒版，经显影处理得到丝网版。

直接间接混合法丝网制版工艺流程如下：粘贴感光胶片→干燥→剥离感光胶片的片基→晒版→显影→修整。

除此之外，还有红外线制版法、腐蚀制版法、电镀制版法等。

弹指如飞让思维跟不上——汉字录入

英文键盘录入有着悠久的历史，但是中文输入法的发展难度很大，原因是汉字是一种非常复杂的文字，由一个小小的键盘完成录入需要很复杂的编码，而西方文字只需要二三十个字母循环运用即可。

中文输入法的发展历史可以追溯到20世纪80年代初，时至今天，已经有了极大的进展，各种输入方式如同百花齐放，输入效率也由最初的单字录入，发展到现在的词语甚至是整句输入。汉字信息处理技术可以说已经实用化、产品化。

在汉字编码的发明中有很多因素可加以利用，如汉字的发音、笔画、偏旁部首、间架结构等等。将以上各种方法排列组合后，可演变出各种各样的编码规则，再由这些规则经过不同的处理方法，就可派生出各不相同的汉字编码方案。

计算机汉字编码包括字库编码和输入法编码两类，其中输入法编码分为键盘输入法编码和非键盘输入法编码。在键盘输入法编码中主要又分为拼音编码和字形编码两大类。目前，音码和形码已占据了中文输入法应用的绝对主流地位。

中文输入法是为了将汉字输入电脑或其他媒介而采用的一种编码方法。中文汉字输入的方式主要有四种，即键盘输入、手写输入、扫描输入和语音输入。

键盘输入是一种常用的基础输入法，主要又分为字形输入法和拼音输入法。实际上字形输入法不符合人的写作思维习惯，因为人们在措辞时，头脑中首先反映出的是这个词语的语音，所以字形输入法更适合专业录入人员使用。拼音输入法也分两种，一种以词语为输入单位，另一种以语句为输入单位，而后者不符合写作的思维习惯，因为人们在写作时以词为思考单位。

键盘输入法在输入速度有要求的情况下对于键盘操作及指法要求比较高。比较有影响的有五笔字型码、纵横码、笔顺码、数字五笔、汉易码、四角柳码、九方、十易码等等。值得指出的是，汉字的编码方案和相关的汉字输入法软件是紧密相连的，评价一种输入法的好坏，不能单纯地评价某一输入法编码方法好坏，还要看看其相关的输入法软件功能是否齐全，词组量是否多等。

手写输入是最容易上手的输入方法，它采用专业的输入笔和相应的输入软件，直接进行常规书写，自动记录到计算机中。这种方法曾经由于先天不足而发展较慢，目前手写输入系统已经解决了"笔顺"和"连笔"的问题，逐渐由笨拙转为实用。蒙田、慧笔、汉王等纷纷亮相，"返璞归真"的口号无处不在。

扫描输入法利用扫描仪的功能，通过 OCR 软件(即文字识别软件)将扫描后的文字图像转换成文本格式的文件，使文字处理软件能够调用处理，这样可以大大提高文字录入速度，极大地提高工作效率。

语音输入是指录入者使用声音采集设备如话筒，仅通过朗读的方式，文字就可以被识别和输入到计算机中。也就是说你只要会说汉语，就可以进行语音输入。

语音输入尤其是汉字语音输入经历了很长时间的研究和应用，目前已经达到了相当完善的水平。

汉字的容颜、气质和风骨

随着书写载体和书写工具的变化，汉字字体经历了从甲骨文、金文、石鼓文、大篆、小篆到隶书、魏碑、楷书、草书、行书等的演变，而印刷术的出现，更促进了书法家的创造与技术手段的互动，从此印刷字体逐渐从手写书法中分离出来，成为专门的艺术，各种字体体现出汉字不同的容颜、气质和风骨。

从雕版、木活字、泥活字到铅字，汉字印刷字体衍生出宋体、黑体、仿宋、楷体等字体，并随书籍报章的传播得到广泛的运用和推广。从20世纪开始，专业的字体设计师出现了。他们将艺术想象力与印刷排版规律结合起来，创造出千变万化的新字体，汉字的魅力在他们的努力下得以凸显和张扬。

对印刷而言，文字是版式设计中的重要构成部分，书籍不但要达到精神沟通的目的，更需要在两者精神认同的基础上引导、创造新的视觉理念。作为造型元素而出现的字体，在不同的运用中具有不同的独立品格，给人不同的视觉感受和比较直接的视觉诉求力。

汉字是一个大家庭，每种字体都有自己的特色、情感和使用要求。

(1) 楷体：也称真书，是汉字流传历史最久的书写体，它博采中国历代书法名家的精华妙笔，撇捺舒展，工整潇洒，端庄大方，适合于排印小学课本及儿童读物。

(2) 宋体：宋体字横细竖粗，刚柔兼济，遒劲挺拔，端庄稳重，既便于刻板又适宜阅读，自明朝以来一直是图书刻板印刷的首选字体。

(3) 仿宋体：1916年杭州金石书法家丁辅之兄弟亲自仿写刻制的字体。该字体既有宋体风貌，又兼楷体韵味，明快秀丽，与宋体和楷体都能协调搭配。

(4) 黑体：20世纪30年代模仿日本汉字形成的一种印刷字体，它浓重醒目，多用于排印标题。

除了上述四种常用字体以外，自80年代以来，供报纸、书刊排版使用的字体达30多种，如：隶书、魏碑、行楷、舒体、姚体、彩云、细黑、幼圆等，加上各种变形字体，可有数百种的变化，基本上改变了书报刊排版字体变化少、版面单调的状况。

图像数字化手段——扫描

扫描仪是除键盘和鼠标之外被广泛应用的计算机输入设备，是印刷桌面制版的重要设备。它可以获取图像，并将信息转为电脑可以显示、编辑、存储和输出的数字格式。

扫描仪可以完成以下工作：在文件中插入图像和照片；对文字加以识别；将传真文件扫描输入到数据库中存档；在多媒体中加入图像；在报刊中加入图片。你还可以利用扫描仪输入照片，建立自己的电子影集；输入各种图片，建立自己的网站；扫描手写信函再用 E-mail 发送；还可以利用扫描仪配合 OCR 软件输入报纸或书籍的内容，免除键盘输入汉字的辛苦。

扫描仪扫描图像的原理和步骤是：首先将被扫描的原稿正面朝下铺在扫描仪的玻璃板上，原稿可以是文字稿件或者图纸照片，然后启动扫描仪驱动程序，安装在扫描仪内部的可移动光源开始扫描原稿。照射到原稿上的光线经反射后就带有原稿的信息，它们穿过一个很窄的缝隙，又经过一组反光镜，由光学透镜聚焦并进入分光镜，经过棱镜和红绿蓝三色滤色镜得到的 RGB 三条彩色光带分别照到各自的 CCD(电荷耦合器件)上，CCD 将 RGB 光带转变为模拟电子信号，此信号又被 A/D(模/数)转换器转变为数字电子信号送入计算机。

扫描仪的主要性能指标有扫描光学分辨率、色彩分辨率(色彩位数)、扫描幅面和接口方式等。

光学分辨率是指扫描仪的光学系统可以采集的实际信息量，也就是扫描仪的感光元件——CCD 的分辨率。常见的光学分辨率有 600×1 200、1 200×2 400 或者更高，用以表示扫描仪能够采集到的图像的细节极限。

色彩分辨率又叫色彩深度、位深、色彩位或色阶，总之都是表示扫描仪分辨彩色或灰度的细腻程度的指标，它的单位是 bit(位)。色彩位的确切含义是用多少位二进制数据来表示扫描得到的一个像素的颜色。从理论上讲，色彩位数越多，颜色就越逼真，但对于非专业用户来讲，由于受到计算机处理能力和输出打印机分辨率的限制，如果一味地追求高色彩位，给我们带来的只会是浪费。

接口方式是指扫描仪与计算机之间采用的接口类型。常用的有 USB 接口、SCSI 接口和并行打印机接口。SCSI 接口的传输速度最快，而采用并行打印机接口则更简便。

一台高品质的扫描仪是高质量印刷的开端。

图片的梦工场——Photoshop

今天的印刷业，需要给人们展示一个美丽的世界，这就需要强有力的软件支持，Photoshop 就是这样一款功能相当强大的平面图像编辑和效果制作软件。

Photoshop 是一款大家都非常熟悉的图像处理软件。无论是路边广告、电影海报，还是互联网上的图片，大都是用 Photoshop 制作处理过的。可以说，Photoshop 已经成为电脑上的必备工具，除了广告、美工、网页设计工作必须用到它，休闲的时候用它来创作出自己喜欢的图片，也是很有成就感的。

Photoshop 是美国 Adobe 公司开发的图形图像处理软件。它的出现，不仅使人们告别了对图片进行修正的传统手工方式，而且还可以通过自己的创意，制作出现实世界里无法拍摄到的图像。无论是对于设计师还是摄像师来说，Photoshop 提供的几乎是无限的创作空间，为图像处理开辟了一个极富弹性且易于控制的世界。而对于普通用户来说，Photoshop 同样提供了一个前所未有的自我表现的舞台。用户可以尽情发挥想象力，充分显示自己的艺术才能，创造出令人赞叹的图像作品。目前已经有越来越多的艺术家、广告设计者、专业设计师视它为自己的得力助手，用它创造出许多出神入化的作品。

Photoshop 集图像设计、扫描、编辑、合成以及高品质输出功能于一身，并且具有界面直观、易学易用的优点，深受电脑美术设计人员的青睐。作为平面图像处理软件世界的领军人物，Photoshop 软件一直注重新功能的添加以及原有功能的改进，每一个新版本的 Photoshop 总能给人耳目一新的感觉，这也正是 Photoshop 长盛不衰的关键所在。

Photoshop 是印刷制版工作者必不可少的软件之一，可以这么说：在平面世界里，Photoshop 堪称只有想不到，没有做不到，它将制造出你最美丽的梦幻乐园。

排版与设计集成——CorelDRAW

我们日常在印刷品中看到的图片，有类似照片的图像和类似卡通的图形。这两种图片一般在印前处理过程中采用不同的软件处理，前者使用上面提到的 Photoshop，后者采用图形设计制作处理软件——Coreldraw。

Coreldraw 是 Corel 公司出品的矢量图形制作工具软件包，这个图形工具给设计师提供了矢量动画、页面设计、网站制作、位图编辑和网页动画等多种功能。尤其对于印前制作专业人士而言，它是一款兼具图形设计制作和排版功能的强力软件。

也许会有许多人告诉你：我们排版时使用 PageMaker、Indesign、QuarkXpress 等，但是 Coreldraw 的功能绝对不输于其他软件，它可以满足你的所有要求。

当然，Coreldraw 最强大之处还在于它无与伦比的矢量图形编辑能力，它既是一个大型的矢量图形制作工具软件，也是一个大型的工具软件包，堪称矢量图形的设计大师。它那么方便好用的工具以及干净利落的绘图窗口，集艺术型绘图、技术型绘图于一身的高效率，对打印及 Web 输出全面支持，让每一位使用过它的人都为之赞叹，为之倾倒。

Coreldraw 的成功之处还在于它的每一个新版本都有许多明显的提高，许多旧有功能都得到加强，并且新增一定的功能。它每一新版本的推出都同时有苹果版与 PC 版两种版本。

Coreldraw 功能十分丰富，包括实用工具和艺术剪辑图库，人们说它的各个角落都充满了信息，是一款非常专业而又容易上手的软件。

功能强大的版面制作软件——InDesign

曾几何时，PageMaker 作为一款功能强大的排版软件，几乎占领了超过半数的排版软件市场，但是今天，在不知不觉中，一个创新的排版设计软件，在悄悄地改变着这种情况，它就是 Adobe 公司开发的面向专业出版领域的新平台——InDesign。

Adobe InDesign 是一个全新的、针对艺术排版的程序。InDesign CS 有着强大的功能和简洁友好的界面。它能够制作几乎所有出版物，从书籍、手册到传单、广告、书信、外包装乃至 PDF 电子出版物和 HTML 网页，几乎无所不能。

InDesign 内含数百个提升到全新层次的特殊功能，涵盖创意、精度、控制等当今诸多排版软件所不具备的特性，例如：光学边缘对齐、高分辨率 EPS 和 PDF 显示、分层主页、多级 Redo 和 Undo、可扩展的多页支持、5%～4 000%的缩放等。

InDesign 软件是基于一个新的开放的多功能体系，可以实现高度的扩展性。该开放体系建立了一个由第三方开发者和系统集成者可以提供自定义杂志、广告设计、目录、零售商设计工作室和报纸出版方案的核心。事实上，今日通过和 InDesign 沟通，一些第三方生产厂家和服务商发表了一些可以立即扩展 1.0 版功能的重要插件。

Adobe InDesign 整合了多种关键技术，包括现在所有 Adobe 专业软件拥有的图像、字形、印刷、色彩管理技术。通过这些程序，Adobe 提供了工业上首个实现屏幕和打印一致的功能。此外，Adobe InDesign 包含了对 Adobe PDF 的支持，支持基于 PDF 的数码作品。

InDesign 的页面设置和排版、绘图操作对象的处理、字符与段落的设定、表格制作、文本框的应用、色彩基础与管理、打印设置以及跨媒体出版等功能，对排版工作者而言都是那么完美。特别是它拥有令人感到亲切熟悉的 Adobe 使用者接口，并可与其他 Adobe 产品紧密联系，完美共享，令使用者心旷神怡。

InChinese2.0 中文套件是专为 Adobe InDesign 2.0 研发的中文排版套件，对中文排版方式及文字处理提供完美的支持。

颜色何以如此神奇——颜色的作用

有人问：我们的生活中必须有颜色吗？

答案是：颜色也许并非像空气、水、食物那样是生活必需品，但是无色的世界将是极不完美的，相信没有人不喜欢一个多彩的世界。

在人类生活的各个领域，颜色的作用随处可见。衣食住行是人类生存的物质基础，在这些方面对色彩的需求及运用水平，可以充分反映人们物质生活水平及社会文明程度。我们的祖先在采集食物时，依靠颜色来判断果实的成熟程度;现代的我们,评价美食的标准是色、香、味、形、意,颜色是否赏心悦目占据了首要位置;在服装设计与选择过程中,颜色始终是设计师和消费者关注的首要因素,同时也代表着一种精神面貌。从“文革”时期单调的“国防绿+红海洋+蓝黑装”,到今天满大街的五彩缤纷、争奇斗艳,我国人民的服装消费观和生活水平与精神追求都发生了巨大的转变。眼下举国瞩目的一个热点是“安居工程”,人们在选择和布置自己的住宅时,除了地段和价格之外,建筑物的造型与颜色、周围环境的美化程度、室内装修的风格与色调、家具及各种装饰物的色彩效果等便成为主要问题;至于“行”的方面,只要看看我们身边的公交车、小汽车和自行车,车身颜色的变化真是目不暇接。从古至今,色彩被越来越多地运用到各行各业的生产中,如纺织、印染、服装、化工、陶瓷、造纸、医药、印刷等。

说到印刷与色彩的关系,那真是太密切了,画家是运用颜色的高手,印刷工作者也毫不示弱。画家创作一幅画要运用调色板和许多种颜料,而印刷工人只用3～4种颜色就可以把一幅色彩斑斓的图画准确、快速、大量地复制出来。所以彩色印刷品是将印刷技术与绘画艺术交织在一起的一种工业产品,这种工业产品具有使用价值和艺术欣赏价值的双重属性。近年来,我国经济发展势头迅猛,人民物质生活水平不断提高,文化需求也在不断增长,彩色印刷品的使用日益广泛。在我国对外开放的国际交往中,我们用彩色印刷品向世界介绍中国。例如我国成功申办奥运会和世博会的过程中,印制精美的《北京申办2008年奥运会报告》和《中国申办2010年上海世界博览会报告》,都起到了重要的宣传介绍作用。在经济活动中,企业的形象、产品的功效、商品的交换,需要大量的彩色印刷品来包装、宣传和促销;在文化生活中,黑白印刷品已不能使人们满足,大家更喜欢阅读和欣赏彩色书、报、杂志和画册等;在教育领域,彩色印刷品日益受到青睐,自1993年开始在中、小学推行国际标准尺寸、图文并茂的彩色教科书,这一举措不仅有利于提高我国基础教育质量,同时也给彩色书刊印刷业提出了新的要求,创造了新的机遇。

从21世纪初国际印刷品市场的区域占有率来看,北美、中欧、亚太地区占据了93%的市场,其中美、德、英、日占据了大半壁江山。从人均印刷品消费量来看,世界人均消费58美元,北美地区是348美元,日本则是人均消费最高的国家，为480美元。国际专家预测，中国将是未来印刷业增长最快的国家之一，这也预示着我国彩色印刷的发展拥有巨大的潜力，相信今后会有越来越多的彩色印刷品来装点美化我们的生活。

人类是如何感知颜色的

我们身边的大千世界是如此美丽，古往今来，有多少流传千古的名词佳句在讴歌着令人过目不忘的美景，"落霞与孤鹜齐飞，秋水共长天一色""日出江花红胜火，春来江水绿如蓝"，这五光十色、绚丽多彩的大自然，给人类带来了无限的遐想与欢乐。

那么人类是如何感知这些美丽色彩的呢？

人类通过身体的眼、耳、鼻、舌和皮肤这些感觉器官来认识世界，在接收到外界刺激时会将信号发送给大脑，从而产生对应的视觉、听觉、嗅觉、味觉和触觉等不同感觉。在上述所有感觉中，最重要的就是视觉，因为它为我们提供的信息量约占所有器官提供的信息总量的80%。人们在用眼睛观察景物时，会同时感受到物体的形状和颜色等特性，而视神经对颜色的反应最快，其次才是对形状的反应。实验证明，人们在看到某物体的最初一瞬间，对颜色的感知率是80%，对形象的感知率只有20%。正如俗话所说：先看颜色后看花，远看颜色近看花。我们平时所说的颜色其实并不是一种客观实体，只是光作用于人眼后引起的一种除形象以外的视觉特性。

人类产生色觉必须具备四个条件：光、彩色物体、健全的视觉器官和大脑。光照射到彩色物体上，经过物体对光的吸收、反射和透射之后作用于人眼，再由眼睛中的视神经将信息传递给大脑，大脑视觉中枢经过对信息的综合处理后得出对颜色的判断，由此而产生色觉。在这个过程中，每一个环节都很重要，缺一不可。

首先，在产生色觉的过程中光的作用相当重要，没有光就没有色。道理很简单：当我们正在灯下兴致勃勃地欣赏一本五彩缤纷的精美画册时，突然停电，伸手不见五指，画报顿时便会黯然失色。光是一种具有波动性和粒子性的电磁波，从本质上说，它与X光、电波、声波都是同类物质，只是波长不同而已。波长处于380～780纳米波段的电磁波具有可视性，按照波长由长到短的顺序排列依次是：红、橙、黄、绿、青、蓝、紫。比红光波长稍长的是红外线，比紫光波长稍短的是紫外线，人眼皆不可见。简而言之，光是色的源泉，色是光的表现。

彩色物体各自具有不同的表面结构，即不同的分子类型和不同的分子间结构方式，这些决定了它们不同的光学特性，在受到光照时会产生吸收、反射和透射等不同的反应。假如它对所有波长的光一律都反射，则会呈现白色；一律都吸收便是黑色。选择性地吸收一部分反射一部分，则要看反射出的是多少波长的光，反射出的是长波段的红光，则这个物体便是红色的。

视觉器官是由眼睛与视神经组成的，眼睛是视觉感受器，视神经则是信息传送器，大脑则是识别器。三者必须都健全，才会感受到颜色的存在。人脑在得到视神经传送来的外界光信号以后，经过回忆、对比、分析、综合等一系列生理与心理活动，最后完成对颜色的识别。

每天经过这样无数次的识别活动，我们得以认识和享受身边所有的美好景物。

颜色会给人带来哪些感觉

我们的眼睛看到颜色之后，往往会引起对某些熟悉事物的联想，从而产生连锁心理反应，这便是色彩的感觉，这种感觉经常会左右我们的情绪、思想及行为，因此，色彩具有不可忽视的心理作用。尤其是从事与颜色有关工作的人，比如画家、摄影师和印刷工作者等，必须对颜色的特点有充分的认识。

（1）冷暖感：颜色本身并无温度的差别，但是不同的颜色给人的冷暖印象却不同，便形成了色彩的冷暖感觉，这是色彩感觉中最敏感的一种。波长短的颜色如青色、蓝色等会使人联想到水、天空、海洋、冰川等物体，使人感到凉爽、寒冷，这类颜色便是冷色。波长比较长的颜色如红色、橙色、黄色等，会使人联想到温暖的东西，如红色的火焰、金色的阳光等，从而产生暖与热的感觉，这类颜色被称为暖色。与上述颜色相比，绿色、白色、灰色、黑色、金色、银色等给人的感觉是不冷不热的，这些颜色被称为中性色。

实际上，多数颜色的冷暖只是相对而言的。例如紫色与青色相比显得暖，但它与红色相比时又会显得冷；黄色与红色相比感觉冷，与蓝色比时则显得暖；绿色与黄色相比显得冷，与青色相比又会感觉暖。

(2) 远近感:观察同一距离的不同颜色,会发现颜色离我们的远近程度似乎并不相同,这就是颜色的远近感。一般白色、黄色、橙色、红色等比较明亮温暖的颜色看上去比实际距离显得更近,称为似近色,给人一种前冲、迫近的感觉,又名前进色;而另一些比较暗的冷的颜色使人感觉比实际距离显得更远,称为似远色,给人后退和远离的感觉,又名后褪色。当似远色与似近色并置时,便在同一平面上形成前后空间层次感和立体感。

(3) 大小感:面积相同而颜色不同的物体,看上去会感觉它们的大小不同,这就是所谓的大小感。同样大小、一黑一白的两个图形,看上去会以为白的面积大于黑的。大小感主要与明度有关,明度大的亮色可产生膨胀的感觉,包括鲜艳明亮的红色、橙色、黄色与白色一样,使人感觉比同样面积的其他深色物体显得大些。绿色、青色、蓝色、紫色会产生同黑色类似的收缩效果。法兰西共和国成立时的第一面国旗最初设计为红、白、蓝三色宽度相等,但是人们总以为白色最宽、蓝色最窄。为了调节人们的视觉误差,设计者将三色宽度比例逐步调整为红∶白∶蓝=33∶30∶37时,才使大家感觉三色等宽,从而获得了国旗的均衡感与庄重感。

(4) 轻重感:人们对轻重的体验主要是通过触觉实现的,但事实上视觉也会参与对重量的判断。同样大小和重量的两个箱子,一个涂成白色,另一个为黑色,结果实验者一致认为白色的箱子更轻一些。原因是白色使人联想到白云、白帆、棉花、羽毛等物体,有一种轻飘、上升的感觉,而黑色使人联想到煤、铁、石头等物体,产生了沉重、下降的感觉。通常明亮的颜色如浅蓝色、浅黄色、浅绿色、浅红色等会给人以轻的感觉,最轻的是白色;深暗的颜色如棕色、深红色、墨绿色、深蓝色等会给人以重的感觉,最重的是黑色。

色彩除了上述各种感觉外,还有其他一些感觉,比如味道感。一般来说红色、黄色、绿色接近食品中美味新鲜的糕点、水果、蔬菜,所以给人一种香甜、清新、可口的感觉;而蓝色、紫等色使人感到苦涩,因此在设计食品包装时极少使用。又如疲劳感,浓艳而杂乱的色彩环境会使人兴奋、眼花缭乱,很快会心情烦躁、感到疲劳。原因在于视觉器官中的三种感色细胞受到强烈刺激发生疲劳,不能及时恢复其功能。一般说来暖色比冷色更易使人产生疲劳感,所以在营造宁静舒适的环境时一般采用冷色。

颜色是否有感情

颜色到底有没有感情？这个问题对于颜色工作者还真有必要好好研究一番。

作为一种物理现象，按理说颜色本身是不具备情感因素的。但是为什么我国的喜庆场合喜欢用大红色？为什么西方的婚礼上多用白色，葬礼上要穿黑衣？这又说明颜色确实又与感情有关。在日常生活与生产过程中，人们会通过感性认识积累各种体验，形成对不同色彩的情感联想，而通过某一色彩所获得的情感体验，一般都是与常见的、特定的事件联系在一起的，色彩与人们情绪之间的联系往往会因人、因事、因地而异，所以比较复杂多样。总结大多数人的感受规律，许多国家和民族都赋予色彩象征性的意义，以代表身份、地位或成为神话宗教思想的象征。每种颜色所具有的代表性的抽象含义，就是色彩的感情与象征。有些色彩的象征性是国际共通的，也有些则是不同国家、民族个性化的东西。下面简单分析一下常见色彩的感情与象征。

（1）红色：红色使人联想到太阳、火焰、鲜血，产生温暖、热烈、兴奋、炽热、伤亡、危险之感，产生光明、喜庆、紧急、牺牲、浴血奋战等意味，具有吉利、祛邪、革命、战斗、胜利、警戒、鼓舞、光荣的象征，可以使人充满力量和勇气，因此许多国家的国旗都使用了红色成分，而且各国普遍采用红色信号指挥交通，表示危险、禁止的意义。

（2）黄色：黄色是阳光、成熟果实的颜色，所以黄色使人产生光明、温暖、丰收、安全之感，被赋予高贵、豪华、辉煌、喜庆、兴旺的象征。我国封建帝王以黄色作为皇权的象征，西方国家则以黄色作为智慧、知识的象征。另一方面，沙漠、秋叶、黄昏使人产生荒凉、寂寞、孤独、病态、绝望之感，因此黄色有时也代表消极、衰落、伤感、失败。《圣经》故事中出卖耶稣的叛徒犹大曾身穿黄袍，在基督教国家中黄色还象征着背叛、狡诈。

（3）绿色：绿色是植物和春天的颜色，意味着大自然的生长和发育，象征着生机、活力、青春、希望、安宁、和平，例如人们通常将绿色的橄榄枝与和平鸽一起作为和平的标志，又如倡导以和平方式解决国内外争端以及保护生态平衡的国际组织被称为绿色和平组织，国际上还通用绿色作为交通指挥中的安全标志。

（4）蓝色：蓝色是天空、海洋的颜色，给人宽广、博大、深邃之感，被赋予理智、纯洁、宁静、高贵、尊严的象征。在西方，“蓝色血统”是指出身名门的望族，我国民间的青花瓷与蓝印花布都采用了单纯的蓝、白对比，纯净朴素，享誉中外。灰暗的蓝色有消极的含义，大面积的暗蓝灰色调会营造忧郁、静寂、凄凉、阴森的气氛。

（5）白色：白色是由全部可见光以不同比例混合而成的，是阳光的化身，是光明的象征。白色明亮、干净、纯洁、朴素、雅致、贞洁。在西方，白色的结婚礼服表示爱情的纯洁与坚贞，但在东方，白色还含有一贫如洗、一穷二白的意味。

（6）黑色：无光之色即黑色，它会给人带来消极的影响，如在漆黑之夜及漆黑的地方，人们会产生失去方向、没有出路的恐惧、阴森、烦恼、忧伤、悲痛、死亡等感觉。所以在欧美，都把黑色视为丧色。反之，黑色也可使人得到休息、深思，体会到安静、坚持、考验，显得严肃、庄重、坚毅。黑色与其他色彩组合时是极好的衬托色，黑白组合时光感最强，白纸上印黑字对比分明而和谐，最适合阅读。

中国战国时期大思想家邹衍提出的阴阳五行学说中，其象征性色彩表达的是中华民族固有的色彩观念与思维方式。五行中的金、木、水、火、土与青、红、黄、黑、白相对应，青色代表东方、龙、春天、森林、酸味、肝脏等，红色象征南方、鸟、夏天、苦味、太阳、阳气等，白色象征西方、虎、秋天、辛味、风等，黑色象征北方、龟蛇、冬天、咸味、水等，黄色代表中央、土地、甘味、皇帝、心脏等。

印刷是否也要像画家一样调和颜色

我们都看到过画家的调色板，都知道它的作用是用来调和颜色的，而印刷的过程也伴随着颜色的混合，那么这二者之间有无区别呢？

无论是东方绘画主流的中国画，还是西方绘画主流的油画，或是水彩画、水粉画，画家都是运用画笔和多种颜色调和后在画纸或画布上作画。彩色印刷则是采取工业生产模式，利用印版和尽量少的彩色油墨，在白纸等承印物上印刷大量的复制品。彩色印刷利用了与画家调色基本相同的原理，但从不同的角度找到了一条捷径。

人类在对颜色的理解和运用过程中赋予颜色以科学性和艺术性。科学性指的是在自然科学范畴内，可以从不同的角度，用不同的方法如语言、文字、数字、图表、模型等，对颜色进行定性定量的描述和利用；艺术性则是指运用颜色基础理论，以各种方法和手段，加强色彩的使用效果，特别是色彩对人的思想、感情和心理方面的影响力。画家注重的是艺术性，印刷复制依赖的是科学性，并尽可能地兼顾艺术性。一幅好的彩色复制品，应该牢牢地抓住原作的精髓，做到与原作惟妙惟肖，成为一件具有感染力的艺术品。

颜色的混合方法有两类：颜料调和与颜料叠合。

画家主要采取的是颜色的调和法，即根据用色的需要，借助于水或油性溶剂将两种以上的颜色混合均匀，获得所需的颜色。印刷业有时也会采取这种方式，例如当某本书的封面是一种设计者调配出的专色，比如蓝灰色时，这种颜色的油墨从油墨厂是买不到的，虽然可以采用黄、品红、青三原色墨以不同比例、经过三次套印后得到，但这样做费工、费时，因此一般的做法是由印刷车间的调墨师傅按照原稿的色样调出相同的蓝灰色墨一次印成。

颜料层的叠合是指两层以上具有透明性的颜料重叠在一起呈现出新颜色的方式，大量的彩色图像的印刷复制都是采用这种方法，画家画水彩画时也常用此法。印刷用的彩色油墨都具有良好的透明性，无论平印还是凹印，都采用四色印刷，即黄、品红、青三原色再加上辅助的黑色，当四张有色印版套印在一张白纸上时，不同部位各色版的比例大小有所不同，便可复制出画家原作上各种不同的颜色阶调了。

运用色彩时有哪些注意事项

穿衣和化妆等日常生活中的色彩运用属于个人行为，由于每个人的年龄、性别、性格、民族、地域、阅历、观念、文化素养等诸多因素的不同，人们对色彩的选择与偏爱常有区别，但也具有一定的共性和稳定性。美国色彩专家切斯金认为，支配人们选择色彩有三个因素：第一是个人爱好，占20%；第二是维持体面、调整自我与环境，占40%；第三是追求快乐、向往时尚，占40%。

（1）年龄与性格：儿童和年轻人多数喜欢鲜明、活泼的颜色，如红色、黄色、蓝色、绿色等；中老年人则多数喜欢稳重沉着、朴素大方、含蓄内敛的颜色，如棕色、灰色、白色、黑色、蓝色等。从性格上看，一般喜欢红色的人热情奔放、外向，是现实的享乐主义者；喜欢绿色的人理性、朴素、平和；喜欢蓝色的人浪漫、感性，注重精神生活；喜欢橙色的人一般随和可亲；喜欢紫色的人多浪漫、孤傲、忧郁、内向；喜欢深棕色和黑色的人冷静、稳重、固执、内敛，有的比较自卑；喜欢白色的人单纯、开朗、活泼，遇事易冲动。

（2）地域和国家：不同国家的人对颜色各有偏爱，如欧洲人比较偏爱蓝色系。法国男子多喜欢蓝色，女子多喜欢粉红色，但是都反感曾用于纳粹军服的墨绿色。欧美人以白色做结婚礼服表示纯洁坚贞；中国人以白色作为丧事的主色，以红色作为喜事的主色；德国人认为黑色是吉祥色，他们不喜欢深蓝色和茶色；意大利、奥地利人认为绿色高贵；罗马与希腊人认为黄色吉祥。

（3）时代特征：随着时间的推移及社会风尚的变化，人们的审美意识与水平亦不同，对色彩的爱好也随之不断调整，有些过去被认为是不和谐的色彩搭配现在被认为是新颖美丽的配色。战争年代一般喜欢浓厚强烈的色彩，如旗帜的红与军装的暗绿；和平年代则喜欢明亮淡雅的色彩。二次世界大战后，为了表示对遇难者的哀悼，欧洲很多人身着黑衣。当某些色彩被赋予时代精神的象征意义，符合人们的观念、兴趣、爱好、欲望时，这些色彩便会流行开来，由此就产生了国际流行色或某一区域、某一时段内的流行色，流行色代表了大多数人特定时代背景下对色彩的审美爱好与意向。一般规律是，长期流行红蓝色调后，人们会转而向往绿橙色调；长期流行淡色调后，大家又会向往深色调；流行过鲜明色调后，人们会追求沉着色调；暖色调流行过后，冷色调会取而代之。近年的国际流行色多是选择大自然的色彩，如宇宙色、海洋色、原野色等，这是出自人们对生存环境被污染和破坏的抗议，出自对原生态大自然的怀恋和向往。所以运用色彩时必须考虑时代感的因素，其次还应该考虑到政治、宗教等因素。

在现代商业竞争中，消费者对商品本身与外包装的色彩的喜好往往成为决定是否购买的重要因素。所以，在设计过程中，一方面要根据产品种类、用途、性能等考虑色彩的使用，另外掌握消费者对色彩的喜好心理和流行色等因素也是不可忽视的。

驾驭颜色——印刷过程的色彩管理

彩色印刷复制过程是一个颜色传递过程，必须使每个环节尽在掌控之中，才能确保印刷品的高品质。传统的色彩控制方法是利用一些测试仪器测量、分析打样样张进行控制的，在过去的技术条件下被证明是比较有效的。随着印刷技术尤其是印前技术数字化工作流程的快速普及，各种印前设备类型及品牌日益增多，色彩在输入、显示、输出等不同设备间传递，需要采用一套标准的方法来定义、组织和管理色彩信息。1993 年，美国 Adobe 公司联合其他八家公司成立了名为 ColorSync 的联盟（简称 ICC），目前 ICC 组织成员已有 70 多家，他们组织创建了一套国际通用的 ICC 色彩管理系统，目的是鼓励跨平台、跨软件的色彩传播和使用。

早期的色彩管理系统是封闭系统，经过不断改进，目前的 ICC 色彩管理技术是一个开放式的结构，各设备如扫描仪、PC 机、打样机、印刷机之间不进行直接的颜色转换，而是将各设备的颜色统一转换到一个与设备无关的颜色空间（CIEXYZ 色空间和 CIELAB 色空间），以这个与设备无关的参考颜色空间进行颜色描述，这样颜色的转换与传递更加准确。色彩管理技术的实施离不开色彩测量设备与色彩管理软件，二者都是配套购买和使用的，尽管各种设备和软件出自不同的厂家，各自的软件界面也有所不同，但因为使用了统一的 ICC 色彩管理系统，都包含生成特性文件、编辑特性文件和比较、检验特性文件三大功能，从而大大简化了色彩管理的流程，也有利于色彩管理的标准化。

印刷业内现在使用的各类新版本应用软件都是支持 ICC 色彩管理技术的，如果一个与色彩有关的应用软件不能支持色彩管理功能，会被认为是不完善的、落后的软件。Photoshop 是印刷和图像处理领域内最专业的图像处理软件，也是最早支持色彩管理技术、色彩管理功能最强、最完善的软件之一。从 1998 年的 Photoshop5.0 版本开始，历经了 V6、V7、CS、CS2 等版本更新，色彩管理功能不断完善，其颜色设置、颜色转换、校样显示等效果越来越好。其他印刷业常用的如 Illustrator、Freehand、CorlDRAW 等应用软件的高版本都具有此项功能。1999 年 Adobe 推出的新软件 InDesign 在软件设计之初就直接加进了色彩管理功能。它的前身——PageMaker 仅在输出环节具有有限的色彩管理功能,已经停止继续开发,逐渐淡出历史舞台。

从色彩管理技术中获益最大的要算是数码打样。2000 年之前人们还在怀疑数码打样与传统打样在用纸、用墨、加网方式等环节都有出入,打印效果与印刷效果能否一致?数码打样能否代替传统打样?然而,短短几年间,实际应用的效果已经打消了人们的顾虑。目前使用的彩色喷墨打印机输出幅面较大,适合做整版打样,是印刷行业数码打样的主流设备。彩色激光打印机速度快,但幅面小,再现的色域范围相对小,比较适合于小幅面打样或数字印刷。数字印刷与数码打样没有本质区别,数码印刷近几年在文件、票据、防伪和艺术品印刷方面应用很广,确切地说,数码打样应该是数码印刷的一个分支,下一步数码打样的发展趋势将是速度更快、成本更低、可异地看样的屏幕软打样。

我国的色彩管理技术 21 世纪才真正进入实用阶段,一方面由于色彩管理技术逐渐成熟,不仅在印刷业,其他如摄影、网络等领域,ICC 色彩管理系统模式也得到了广泛应用,已经形成了一个即将出台的国际标准 ISO 15076—1:2005,人们已普遍认识到它的重要性。另一个原因是技术发展所致,CTP(计算机直接制版或印刷)技术必须有 ICC 色彩管理系统作支撑的数码打样与其配套。目前国内购买了 CTP 设备的企业都配套购买了色彩管理设备,随着业内对色彩管理技术认识的加深,色彩管理技术的实用效果会越来越好。

高质量的印刷品是怎样制作出来的

一件令客户和消费者满意的彩色印刷品是怎样制作出来的呢?

自原稿开始,扫描、组版制作、出片、晒版、打样、印刷、印后加工,其工序很多,每个环节都不可掉以轻心。

(1) 原稿:原稿是制版、印刷的依据和基础,所以原稿质量是制约印刷品质量的重要因素。在彩色原稿的选用上,色彩鲜艳逼真的图片并不一定全是好原稿,符合制版印刷要求的原稿还需要其他一些客观标准,如颜色准确、大小适中、层次丰富、不虚不毛、清晰度高、反差适中(印刷品的反差一般在 1.8 左右,所以原稿的反差 1.8～2.2 比较合适),以天然色反转片和各类画稿为最好，近年来的高像素数码图片也很合适。有些原稿非常优秀，可惜因为印刷工艺及材料特点的局限性，很难完美再现优秀原稿的真实面貌，如果反差值大于要求值，也只能忍痛割爱压缩部分阶调。印刷品等二次原稿最好是150线/英寸以上的产品，而且不宜放大印制；网络下载的图片应慎用那些层次少、偏色、像素低的。质量差的原稿虽然可以进行后期处理，但也只能在原稿的基础上去拾取信息，而不能再造信息。复制出适合印刷要求的胶片，是图像扫描和处理工序的中心任务，原则是忠实于原稿。

（2）扫描分色：照片、反转片等模拟式原稿必须经过扫描变为数字图像后，才能进入印前处理系统，这是忠实于原稿的关键步骤，对图片印刷质量具有决定性影响。要分析原稿的不足及作者、编辑的意图等，以便在扫描后加以调整和补偿。扫描设备主要有电子分色机、平台式或滚筒式扫描仪，要充分发挥高档扫描设备上强大的专业功能，如黑白场定标、层次调整、颜色校正、清晰度强调等，注意不要过于依赖 Photoshop 软件工具的调整。专业的扫描仪一般具有原稿分析功能，充分利用可起到事半功倍的效果。校色主要用于纠正原稿本身或扫描所造成的色偏，保证主体部位的颜色和基本色准确。调整时要保证屏幕效果和本单位印刷条件相适应。分色参数设置将直接影响印刷效果，应与印刷条件良好配合。

（3）组版：组版是将已排好的文字与处理好的图像进行版面混合编排的过程，应严格按照规范化、标准化的要求进行，如图片必须为 CMYK（青、品红、黄、黑）格式，图片尺寸的改变应在 Photoshop 里进行，不能进行拉、压等变形操作。

（4）出片：出片也称为版面输出，是利用照排机将处理好的图文信息在感光胶片上曝光、冲洗显影、定影，获得正像加网胶片。数据化控制是保证输出质量的基础，输出网点误差应控制在2%以内。

（5）晒版打样：出片质量直接决定晒版打样的效果。可根据各厂条件选择使用数字打样还是模拟打样。样张既可检验印前处理的结果，又为后面的印刷提供参考依据，是承上启下的一关。样张经客户审核签字后便可以交下一工序重新晒版，准备印刷。

（6）印刷：正式的印刷生产过程中，最重要的是掌控好版面的水墨平衡，只有水墨控制得恰到好处，才能使印出的产品图文清晰，墨色深浅一致。

（7）印后加工：印刷出的彩色散页只是半成品，需要经过印后加工才能成为精美的印刷产品。过去印后加工一般都是手工操作，劳动强度大，技术含量低。现在企业家们已经充分认识到没有高水平的印后加工，前面的制版与印刷水平再高也是枉然。近年来，许多企业都实现了印后加工机械化或自动化，确实给印刷品增色许多。

只有三种颜色，印刷将会怎样

画家的调色盘上五彩缤纷，摄影师面对的大自然五光十色，他们的作品展现给我们的是异彩纷呈的画面。要想把这些赏心悦目的绘画和摄影作品传播到更大的范围，让更多的人来欣赏，必须采用大规模、高效率、快速低耗的印刷复制方式。印刷工业生产不可能像画家临摹真迹一样使用太多种颜色，必须用最少的颜色来快速得到最多的颜色结果，这样的颜色组合便是颜料三原色：黄色、品红色、青色。

经过前人反复的实验证明，这三种颜料本身不能用其他任何颜料混合而成，相反，青、品红、黄三种颜料以不同比例相混合，却可以得到几乎任何颜色，因此，我们称青、品红、黄三色为颜料三原色，又名第一次色。在不同的领域内，有时会将颜料三原色中的品红称为洋红、桃红或玫红，其中的青色也称为蓝色或湖蓝。

颜色是物体的化学结构所固有的光学特性。一切物体呈现颜色都是通过对光的客观反映而实现的。在颜料混合时，青、品红、黄是颜料中用来配制其他颜色的最基本颜色。在中小学的美术课上，我们大概都在调色板上做过这样的实验：黄色＋品红色＝红色，黄色＋青色＝绿色，品红色＋青色＝蓝紫色。两种原色混合得到的结果红色、绿色、蓝紫色我们称之为间色，也称为第二次色。如果我们把三原色等量混合起来，即黄色＋品红色＋青色＝黑色，不等量混合则可以得到许多复杂的褐色、墨绿色、紫红色等复色，三种原色颜料混合而得到的都是复色，也称为第三次色。

除了以上几种基本混合方法外，还有原色与间色、间色与间色、原色与复色、间色与复色等混合方法，均可以得到新的复色。无论哪种混合方法，实质上都是颜料三原色等比例或不等比例的混合。由此可进一步证明：颜料三原色可以混合出各种颜色，这是彩色印刷复制用少数几种颜料调制出各种色彩的基本理论依据，这对印刷色彩的再现及包装色彩的设计具有切实可行的指导意义。

三色印刷的特点就是仅使用黄、品红、青三原色油墨对彩色原稿进行复制，原稿中的黑色由三原色油墨混合而成，从色彩理论上讲，三色复制技术是完全可行的，而且套印次数少，对印刷来说应该更为有利。然而由于印刷制版材料和技术的限制，三色印刷复制工艺在画面效果方面还难以令人满意，因此一直没有得到推广，但目前广泛使用的黄、品红、青、黑四色印刷工艺完全是建立在三色复制基础之上的。相信随着科技水平的提高，印刷材料和技术会进一步得到改进，总有一天，三色印刷复制会变成现实。

看似平凡却神奇——不可或缺的黑色

黑色是人人都很熟悉的颜色，从理论上说黑色即无光之色。在生活中，只要物体反射光的能力很弱，就会呈现出黑色的面貌。有人喜欢黑色：因为它使人安静或沉思，让人得到休息，显得庄重坚毅等；也有人不喜欢它：漆黑的地方，人们会失去方向，感到阴森、恐怖，它还会使人感到忧伤、消极或悲痛，甚至与死亡相连。

但是，不可否认，黑色与其他色彩组合时是极好的衬托色，可以充分显示其他颜色的光感与色感。因此在彩色印刷工艺中，黑色颇受重视。

前面提到三色印刷的特点是仅用黄、品红、青三原色油墨对原稿进行复制，原稿中的黑色可由三原色油墨混合而成。从色彩学理论上讲，这是可能的，但在实际生产中，却由于材料和技术的限制，仅三色印刷的产品会出现一些问题如暗调偏红，于是人们尝试在三原色版的基础上增加了黑版，画面整体效果显得令人满意。四色工艺推广应用已有 40 余年的历史了。

四色印刷工艺在使用过程中经历了三个阶段：初期的传统四色工艺、底色去除工艺和灰成分替代工艺。这三个阶段都是围绕着如何用好黑版、使其发挥更大作用而进行的。

早期的三原色油墨光学特性不够理想，三原色等量混合应该合成的黑色往往会是偏红的深棕色，暗调部位层次不够分明，仅靠黄、品红、青三色油墨在印刷中再现中性灰很困难。黑版的加入稳定了图像的暗调和中间调层次，强调了暗调的细微层次，提高了画面的反差和清晰度，同时还解决了图文合一的印刷问题。此时四色工艺的黑版主要起调节作用，即以三原色版为基础，黑版起骨架、轮廓的辅助作用。

根据原稿的用色特点，黑版通常被分为三类：短调黑版是名副其实的轮廓黑版，只在中间调和暗调起强调作用，用于色调明快鲜艳的画面复制；中调黑版是按正常比例制作的黑版，又名线性黑版，对图像的次高调、中间调和暗调都有影响，用于色彩凝重厚实的一类原稿的复制；长调黑版又名全调黑版，网点面积占全图80%左右，此时的黑版已经成为主要印版，三原色版只起辅助作用，长调黑版多在复制国画和后期的灰成分替代工艺中使用。

近年来，随着高速多色印刷机的出现，油墨的干燥成了限制印刷速度的瓶颈，解决方法除了从改进材料的性能入手，如改善油墨和纸张性能，再就是从工艺的角度解决，因此底色去除工艺（简称UCR工艺）应运而生，具体做法是减少彩色图像暗调处三原色油墨的量，同时以黑墨代替，起到“以一代三”的作用。这个阶段黑版的地位有所提升，在暗调处减少了彩色墨用量，解决了墨层干燥问题，有利于高速多色机印刷作业，而且还降低了印刷成本。由于电子分色机的普及使底色去除操作过程变得非常简单，此法很快便推广开来。

在底色去除工艺基础上进一步扩大战果，第三阶段的灰成分替代工艺（又名非彩色结构工艺或灰色置换，简称GCR工艺）出现了，它打破了以三原色为基础进行复制的传统习惯，突出了黑版的作用，采用长调黑版，使整个画面的全阶调三色油墨叠印的灰色成分全部去除或分级去除，去除的色量用黑墨代替。图像中各种色相的彩色成分仍然靠彩色油墨完成，在图像的任何部位，最多仅有两个原色与黑墨并存，故名“两色加黑”工艺。目前先进的DTP、CTP技术在去除量上可以进行0～100%的灵活控制，黑版已不再处于辅助地位，整个画面的阶调都由黑版来统治，黑版起到了影响整体颜色组合与阶调复原的重要作用。

从不使用黑版的三色印刷工艺到使用黑版的传统四色印刷工艺，再到突出黑版作用的灰成分替代工艺，彩色复制技术发生了实质性的变化，黑版应用也上了一个新台阶。

印刷复杂的颜色必须先分解成基本颜色

彩色印刷工艺的发展经历了不同的阶段，无论是何种工艺，要在印刷品上得到色彩再现，就必须完成颜色分解和颜色合成两个任务。

颜色分解简称分色，是将彩色原稿上纷繁复杂的颜色分解成最基本的黄、品红、青色三色印版。三色印刷复制的特点就是无论原稿颜色多么复杂，都只使用黄、品红、青三原色油墨对原稿进行复制，所以分色是印前处理阶段最重要的任务。

在不同的时期，分色方法也有所不同。早期是手工分色，完全凭借制版人员肉眼的观察和绘画技能来制作分色版，准确度不够高，速度又慢，使用时间并不长。后来开始采用制版照相机，称为照相分色，工作效率明显提高。最近 30 多年来，先是采用电子分色机，近 10 年来用的彩色桌面出版系统，统称为电子扫描分色。随着技术越来越先进，分色效率更高，速度更快，但是分色的基本原理还是相同的，即通过分色工具如滤色片，在三张印版上筛选出各自的基本色区域和相反色区域，印刷时不同印版的基本色区都是需要油墨、传递油墨的色区，相反色区则是不需要油墨的区域。

分色原理是建立在三原色加色混合和减色混合理论基础上的，加色法与减色法是两种不同的颜色混合方法。

加色法是色光混合呈色的方法。白光经三棱镜折射，可分解成红、橙、黄、绿、青、蓝、紫等单色光，其中红(R)、绿(G)、蓝(B)三种色光不能再分解，却可以复合成光谱中的各种色光，所以称为色光三原色。两种以上的色光混合后，不仅可以得到新的色光，而且亮度也会增加。通过红、绿、蓝三原色光能混合出几乎所有的颜色，称为色光加色法。任意二种原色光混合而成的色光与第三种原色光混合后得到白光，称为互补色光，如绿光加蓝光得到的青光与红光混合呈白光，即为一对互补色光。同理，蓝光与黄光、绿光与品红光都是互补色光。

减色法是色料混合呈色的方法。颜料吸收其本身以外的色光，反射其本身的色光而呈现颜色。如黄油墨是从白光中吸收蓝光而反射其他色光呈黄色。这种从白光中吸收某些单色光得到新色光的效果，称为色料减色法。色料三原色是青(C)、品红(M)、黄(Y)色，它们不能由其他颜色混合而成，反之按不同组合与比例可混合出其他的颜色，如色料三原色等量相加则成黑色。

分色是根据减色法的原理，用红、绿、蓝三原色滤色片制得其补色的分色印版，即红滤色片制成青版，绿滤色片制得品红版，蓝滤色片制得黄版。例如：在照相分色或扫描光路中加入红滤色片，对彩色原稿进行色光的分解过滤，由于原稿上蓝、绿色光被红滤色片吸收，感光材料上未受到光的作用，从而形成了基本色区域，即为需要青色油墨的部分；原稿上含红光成分的红、品红、黄色区反射或透射到镜头和红滤色片时可以透过，到达感光材料感光后形成相反色区域，这些地方不需要青色油墨，最后得到的是青色印版。同理，绿滤色片可使原稿上绿光通过，红、蓝色光被吸收，获得品红印版；蓝滤色片可使原稿上蓝光通过，红、绿色光被吸收，获得黄色印版。

制好了三原色印版，便可以通过印刷机来完成颜色合成的任务了。三原色印版装到机器上，分别使用三原色油墨，逐一套印到承印物如纸张上，便可以再现原稿上丰富的颜色与阶调了。

印刷用光源是否与生活光源一样

能自行发光的物体叫作光源，它是人类生活中必不可少的角色。光源种类繁多，形状千差万别，但总的可分为自然光源和人造光源。最大的自然光源是太阳，人类在太阳光下生活、劳作，俗话说“万物生长靠太阳”，整个大自然都沐浴着它的光辉。由于生活与生产的需要，人类相继研制了模拟日光的各种人造光源如火把、蜡烛、煤油灯、汽灯以及许多电光源如白炽灯、日光灯、卤素灯、氙灯、高压汞灯、高压钠灯等。

让我们先来看看电光源的常用性能指标。

不同的光源，发光物质与原理不同，其光谱成分与能量分布也不同。通常使用分光光度计来测量各种光源在不同波段发出色光的辐射能量数值，以此绘制出光源相对光谱能量分布曲线。根据光源曲线特点，光谱可以分为三大类：一类是连续光谱，在可见光波长范围内发出包含各种色光在内的连续谱线，如太阳、白炽灯、卤素灯；其次是线状光谱，只在某个或几个波长处发出狭窄、不连续的谱线，如激光、高压钠灯和高压汞灯；第三类是混合光谱，此类光谱为连续光谱中夹杂着线状光谱，如日光灯。印刷行业通常采用连续光谱和混合光谱两类。

除了光源的光谱类型外，通常我们还比较关注光源的色温和显色性这两个重要的颜色指标。

颜色温度，简称色温，是衡量光源发出的光色的数值，它与光源本身的温度无关。一定的光谱能量分布表现为一定的光色，我们用温度值来表示光源颜色的特征。光源的色温是通过与绝对黑体的比较衡量出来的。绝对黑体是用耐火金属制作的，当它被连续加热时，温度会不断升高，所发出的光按照红—黄—白—蓝的顺序渐变，以它作为标定光源色温的参照物：把任一光源发出的光的颜色与绝对黑体加热到一定温度下发出的光的颜色相比较，相同或相近的那种光色对应的温度值便是该光源的色温。色温使用绝对温度来表示，绝对温度值比摄氏温度高 273，即摄氏温度为 0℃时，绝对温度是 273 K。如正午的白色日光，与黑体加热到 6 000 K 时发出的光色相同，此时的日光色温就为 6 000 K。西藏的蓝天色温高达 8 000 K 左右，60 W 的白炽灯的色温约为 2 800 K，光色偏黄。日光灯的色温一般在 6 500 K 左右，有淡淡的蓝色味道。印刷行业使用的电光源主要用于照明和制版曝光，要求光源色温在5 000～6 000 K，生活光源则要看用途而定。比如夏天想凉快点，室内照明可选色温高点的淡蓝色光源；冬天想得到温暖的效果，可选色温低的黄色光源。

光源的显色性是衡量光源视觉质量的指标，显色性的好坏直接影响着人们所观察到的物体的颜色。在日光与其他光源下看同一件物品，其颜色会有差别。例如，在日光下看到的蓝色衣服，在高压汞灯下变成了蓝紫色，在黄色的高压钠灯下变成了黑色，可见高压汞灯和高压钠灯使物体失去了真实颜色，这需要用显色指数 R_a 作定量描述。在日光下物体显色最准，因此，以日光为参照光源，将各种人造光源作为待测光源，在待测光源下所显现的颜色与在参照光源下所显现的颜色的相符的程度便是显色性，用显色指数 R_a 作为定量评价指标。显色指数最高的是日光，R_a100，显色指数的高低表示物体在待测光源下失真程度的大小。一般具有连续光谱的光源如日光、白炽灯、卤素灯、氙灯等均有较好的显色性。光源可按照显色指数分类，R_a 值为 100～75 的光源显色优良，适合印刷行业使用；R_a 值为 75～50 时显色性一般，可用于生活照明，比如很多路灯都是此类光源。

总而言之，印刷行业所用的光源的性能指标要高于生活光源。

人类发明一个小点点，世界进入一片新天地

我们每个人都阅读过带彩色插图的书报杂志，但你是否注意过很多图片画面是由极细小的点子组成呢？假如过去没注意的话，现在不妨仔细观察一下。用4倍以上倍率的放大镜看看报纸、教材或精美画册上的彩色图片，平时肉眼观察时呈现连续层次变化的彩图上布满了清晰可见的细小网点，网点通常是彩色印刷复制品的标志。

让我们走近这些被印刷业称之为“网点”的小点子，来揭开网点的面纱，看看网点的真面目。

各种画稿或照片等原稿都是用连续调表现画面浓淡层次的，影像的深浅都是以单位面积成像色素颗粒的密度来构成，因肉眼不易识别，故称为连续调。连续调图像的浓淡变化是无级的，即色彩浓的地方色素堆积得厚一些，色彩淡的地方色素相应薄一些。印刷品再现这些连续调原稿，直接使用无网技术也可以，比如珂罗版印刷，但是由于其工艺与版材的限制，一套印版只能印刷几百张，效率太低，不适合大规模、高速印刷生产。目前，无论是采用胶印、凹印、凸印还是丝印，要想表现图像的连续调层次，都必须有网点参加，利用有规律排列的大小不同的网点来表现画面每个微小部位色彩的浓淡和层次的深浅。加网的级数总有一定限制，在图像的层次变化上不能像连续调图像一样实现无级变化，故称加网图像为半色调图像。

网点是复制过程中用来构成连续调图像、传递油墨的基本印刷单元。网点的形状多种多样，包括方形网点、链形网点、圆形网点等。

网线的粗细是以每英寸内的线数表示的，选用时要考虑到印刷品的观赏条件、纸张质量等因素。首要的是印刷品的观赏条件，观察距离近，网线宜细些，反之网线宜粗些。例如邮票一般是放在手上仔细欣赏，视距很近，网线可用175线/英寸或200线/英寸。如果印刷电影海报、招贴画或大幅油画等，因为视距远，一般在几米或十几米外观看，用粗网线视觉效果更好些。在纸张粗糙的情况下，用细网线反而不如用粗网线。如用普通60克/平方米的胶版纸印刷文字和黑白图像，因为这种纸质地松软，印刷时容易出现掉毛、掉粉、糊版等现象，如用细网线，图像容易糊死，用100线/英寸反而比

150线/英寸的效果好。印刷精美的画册或挂历等产品，一般都用质量较好的铜版纸，大多采用150线/英寸或175线/英寸。

印刷业内通常以“成”来判断面积大小不同的网点。识别网点的成数有两种方法，一种是用密度计测定网点的积分密度，然后再换算成网点面积的百分数，这种方法比较科学、准确；另一种方法是用放大镜目测网点面积与空白面积的比例，这种方法直观方便，但有一定误差。比如鉴别5成以内网点的成数，可根据对边两网点之间的空隙能容纳同等大小网点的颗数来辨认，若两颗网点之间能放置3颗同等大小的网点，就是1成点；若在两颗网点间的距离内，能容纳1颗同样大的网点，也就是说单位面积内黑点与白点各占一半，即是5成点。而5成以上网点的判别，两白点间距内所容的网点数，正好6成与4成相同……9成与1成相同。上述情况表明，所谓网点成数是指网点在单位面积里所占的百分率。如1成网点为10％，2成为20％，依此类推，100％为实地版面。网点成数越大，印品版面墨色越浓，反之则浅。

最初使用照相制版术的时期，网点的形成有赖于网屏（又称网版、网线版），后来的电子分色机和现在的彩色桌面出版系统，已无须网屏便可进行调幅加网或调频加网了。

网点是怎样加到印版上的

网点在图像印刷中起着非常重要的作用，图像的色彩浓淡和层次深浅都取决于网点。网点是怎样加到印版上去的呢？

最初在印版上形成网点要依赖于玻璃网屏（又名网版、网线版）。1886年，美国发明了使用光学玻璃经雕刻、腐蚀与涂色制成的玻璃网屏，它由垂直相交、等宽的黑线和透明线组成，网屏上存在许多个大小相等的透明小方孔，称之为网目孔，一英寸内黑线的多少表示网线数。这种网屏，在照相制版工艺中用了很长时间，20世纪70年代以前，我国大中型印刷厂与国外印刷企业一样，基本都是用玻璃网屏进行加网制版的。当时，还是将照相分色和加网分开进行，称为间接分色加网法：先用滤色片对彩色原稿分色，制成连续调阴图片，然后再将玻璃网屏装在感光片与分色阴片之间，在感光片上形成与原稿色彩浓淡相对应的大小不同的网点，获得的网点阳图片便可用于晒制印版了。此法修正机会较多，制版效果容易控制，但操作复杂，费时耗材，玻璃网屏昂贵笨重，而且图像清晰度受到损失，所以逐渐被价廉、轻便的接触网屏取代。

20世纪60年代，我国开始引进胶片制作的接触网屏。胶片网屏上均匀分布着中心实、边缘渐虚的5成网点，使用时与感光胶片密合接触，在分色的同时直接得到网点分色阴片，这种直接分色加网法简称为“直加”或“直挂”。采用“直加”工艺时，必须具备强光源、蒙版、灰接触网屏、特硬全色感光片等。由于此法省时省料，清晰度较高，操作简便，所以很快在我国推广使用。

电子分色机在20世纪70年代引入我国，随着计算机、激光等新技术的发展和新材料的不断出现，电子分色机也不断更新换代，功能、效率、质量都有了极大的提高。先进的电子分色机采用电子或数字加网，以激光为记录光源，由无形的电子或数字网屏形成网点，加网工具是光栅图像处理器(RIP)，它可根据图文处理好的信息自动确定网点的大小、角度、线数。此法具有网点实、边缘清晰、层次丰富、细微层次好、记录速度快等优点，因此很快在国内普及。

上述提到的加网方式都是采用传统调幅加网(又称为AM加网)方式，图像都是由大大小小的网点构成的，无论网点大小，彼此间的中心距都一样。但调幅网点各色版有不同角度，套印后往往会产生龟纹，从而影响画面的美观。

自20世纪90年代开始，彩色桌面系统推出了调频加网(FM加网)新技术。调频网点满版都是同样大的小网点，画面的浓淡层次是用网点的疏密来表现的，即浅色调网点稀疏，深色调网点密集。与调幅网点相比，调频网点有如下优点：表现层次细腻逼真，尤其是画面的高光层次表现得更自然；调频网点可与高保真技术结合，使彩色复制达到更加逼真完美的效果；最大的优点是调频网点没有角度，彻底消除了龟纹。

近期又出现了融合调幅与调频网点两者优点的混合加网技术：在0～10%和90%～99%的复制区域采用FM加网，而在10%～90%的范围采用AM圆网点加网，将二者在网点构成、色彩混合、消除龟纹、印刷时便于操作补偿等方面的特长有效地结合起来。两种印刷企业所熟知的方式再与热敏CTP(计算机直接制版)成像技术相结合，可获得更清晰、更精细的网点。

通常，如果想使用简单易用的生产程序或者沿用传统生产程序，那么最好选择调幅加网，其次是混合式；如果从印刷稳定性的角度考虑，就要优先选择调频加网，其次是混合式，最后是调幅加网。

网点有没有角度

采用不同的加网方式制作的网点有的没有角度，如调频网点；有的却必须有角度，如传统加网方式，即调幅加网后的各色印版都具有不同网线角度。

网目半色调印版上的网点是有规律地按照不同的角度排列的。通常我们把相邻网点中心连线与基准线的夹角叫作网点角度。基准线可以是行业规定的垂直线的 0°，也可以是水平线的 90°。角度按照顺时针方向旋转，整个圆周分为 360°，印刷常用的角度是：0°(90°)、15°、75°、135°。与标准网线角度的允许误差不得大于 3′。

这样规定的道理何在呢？根据光学试验结果可知，当两个空间周期相差较小的图纹重叠时，会出现一种具有更大空间周期的图纹，叫莫尔纹。莫尔纹的大小与两个空间周期的差值有关，差值越小，莫尔纹间距就越大；差值越大，莫尔纹间距越小。同时，两个空间周期相同，重叠时形成夹角，也会出现莫尔纹。因此莫尔纹间距的大小与两个空间周期之差，以及两个空间周期的夹角有关。

彩色印刷品是由四色或四色以上的网点印版套叠印刷而成的，各色版上的网点都是有周期排列的，相互叠印势必会产生莫尔纹，在印刷中俗称“龟纹”。采用十字形排列的网点，产生的龟纹是一种不美观的方阵形，严重地损害了图像的质量，一旦出现视觉可见的龟纹，这种印刷品即是废品。为尽量减少龟纹对图像质量的影响，根据莫尔纹产生的规律，应尽量缩小莫尔纹的间距，即加大网线的夹角。实验证明：四色印刷中为了避免在叠印时出现明显的龟纹，网线夹角以大于 22.5°为宜，所以我国印刷行业推荐彩色复制网线的角度如下：

四色印刷时，黄版使用 0°，其他色版的角度分别是 15°、75°、135°。要求最重要色版使用 135°，因为这是让人的视觉感到最鲜明、最舒服的一个角度，比如暗调层次丰富的原稿可让黑版用此角度，人物肖像或红色调为主的画面品红版用 135°，蓝绿色调为主的则放青版，其他两个色版使用15°和 75°。

双色网线版印刷时的网角最好在60°以上，才可避免龟纹出现，如浅色版用75°，深色版用135°。如果是三色印刷，则可选择度差均为60°，比如主色用135°，其余两色用15°和75°。如果是单色印图片，当然选用135°。

可能有细心的朋友已经看出，黄版放在90°或0°，与其他色版只有15°相隔，难道不怕它们出现龟纹吗？原因是四色印刷必然有一块版的角度会与其他印版夹角的度差小于22.5°这个度差，由于黄色较其他三色浅，给人眼的视觉刺激轻，我们称之为“弱色”，就算有轻度的龟纹出现也不很明显，不会为肉眼所见，仅此而已。

还有一种混合加网方式，即在0～10％和90％～99％的复制区域采用FM(调频)加网，而在10％～90％的范围采用AM(调幅)圆网点加网。由于在总网点范围内所有的网点随机分布，不同颜色之间没有加网角度的限制，因此也就不会在色彩混合时出现龟纹。

彩图印刷中的乐谱——阶调

大家都有评价一幅摄影作品质量高低的经验，抛开主题立意及取景构图等因素，仅从技术层面讲，主要是根据图像的颜色和阶调两方面来判断好坏与否。印刷品复制质量如何，颜色复制与阶调层次复制同等重要，假如颜色是一首歌的歌词，阶调便是乐谱。

阶调是摄影与绘画的造型手段，用于描述图像中层次深浅与颜色浓淡的变化状态。一般线条原稿如剪纸、速写、版画等只有明暗对比极大的两级阶调，连续调原稿如素描、油画、照片等则有许多深浅不同的阶调层次，以此来反映在光的照射下物体的体积、结构、远近、虚实等感觉，所以阶调是组成连续调图像的要素与基础，图像复制的要点便是将原稿的颜色与阶调完美地再现于承印物之上。

美术、摄影界一般将物体在光线照射下出现的明暗状态称为“三大面”，即受光面、背光面和明暗交界线，还可细分成“五大调”：即亮调、灰面、明暗交界线、暗调和反光部分。画面里不可缺少的部分还有亮调区内的高光和暗调区附属的阴影等。

印刷复制时一般将画面的全部阶调分为亮调、中间调和暗调，基本是与“三大面”相呼应的。单色或彩色图像的阶调复制主要依靠单位面积内的网点面积由小到大连续变化的级数来反映，通常按照网点面积百分比分为10%、20%……90%、100%共10级，印刷业内简称为1成点、2成点……9成点、10成点，10成点又称为“实地”。网点成数越大，印品的墨色越深，反之则浅。网点面积的大小，决定了版面层次的变化。通常画面上的层次分为三个阶调：高调层次由1～3成网点组成，是画面中明亮的部位；中间调层次表现画面的明暗过渡部位，通常由4～6成网点组成；由7～9成网点组成的浓暗画面为低调层次。印刷版面上最明亮的高光为1成以下的小网点。网点变化的中间级数越多，印刷品层次表现力越强。三原色印版上各部位不同面积的网点，以不同的组合形式如网点并列或网点叠合，可组合出千变万化的颜色阶调。

从原稿到印刷品，阶调的传递要经历一系列的工艺流程。由于受到各种制版印刷材料与条件的制约，阶调在传递过程中会产生一定的损失，使各种印刷品的色彩表现力小于某些彩色原稿如彩色反转片和数码图片。一般优质铜版纸的四色网点叠印后最高密度值不超过1.8，通常情况下只有1.6左右。而数码图片和天然色反转片的密度一般在2.0～3.5之间，因此印刷品要真实地再现原稿图像的阶调和色彩，只能对原稿阶调进行压缩。只有少部分低反差彩色片和画稿可以不经过压缩。画面形象的主体一般都表现在中高调上，只有个别画面由于艺术表现意图的不同，才会用暗调或亮调来表现主体形象。印刷复制过程中应以中间调和亮调为主体加以突出，暗调层次可多压缩一些。印刷前我们可运用专业的电子分色机或图像处理软件如Photoshop等对图像进行一定范围内的阶调校正，目的在于补偿印刷材料和工艺过程对阶调再现的影响。阶调校正通常采取阶调压缩和调整的办法。阶调压缩可以使原稿的阶调范围适合于印刷条件下印品所能表现的阶调范围，压缩曲线随印刷设备、印刷材料及原稿特性不同而不同。调整阶调则是针对千变万化的原稿对阶调曲线进行适当的调整定标。另一方面也可以应客户要求，对存有缺陷的原稿如曝光不正确的阶调进行艺术加工，以满足客户对阶调复制的主观要求。

连续调图像是否非得用网点复制

网点在连续调图像印刷复制中起着很重要的作用，但是，是不是离了网点就无法复制连续调图像了呢，答案是否定的。在一些特殊印刷中，可以采用无网点印刷来复制彩色原稿。比如钞票等的印刷就甚少用网点。由于网点印刷技术应用广泛，技术含量相对较低，比较容易仿造。为提高防伪效果，钞票基本上采用无网点的多种印刷方式如凸版＋凹版或手工雕刻凹版＋平版胶印联合印刷。手工雕刻凹版印刷是印钞行业的特色防伪印刷技术，该项工艺源于14世纪意大利的金属版画，由于它独有的精致、细腻、厚重和高品位的艺术表现力，近代被广泛应用于有价证券的印刷。它的主要特点是：运用各种点、线构成风格独特的精美版画或各种装饰纹样，与周围的防伪底纹巧妙衔接，构成完整图案。雕刻凹版印刷品最显著的特点是线条细腻，颜色浓重，特别是凸起的手感，使使用者极易鉴别，一触即知。由于工艺过程极其复杂，印制设备昂贵庞大，对设计、雕刻人员有很高的技术要求，即使是同一位雕刻师，也无法制作出两幅同样的原版作品，所以，伪造者极难仿制，至今各国的钞票印制仍将这一古老的制版技术作为第一防伪手段。

还有一些画稿如国画、油画、版画等艺术作品，也采用无网点层次印刷法如珂罗版、木刻水印、丝网版等印刷方式来复制，与采用调幅或调频网点方式印制出的复制品相比，能够更充分地再现原稿连续调的艺术特点。

目前，珂罗版印刷复制国画、油画、版画效果令人满意，但因为复制幅面有限、耐印率低、无法大量印刷等特点，使用范围较小。木刻水印虽可达到以假乱真的效果，但由于勾描、雕版、印刷等工序多为手工操作，比较复杂，对从业人员技术素质要求高，生产周期长，成本高，容易出现偏色、套印不准、变形等问题，故不适合大规模、大范围生产。

利用丝网印刷技术也可进行国画、油画、广告画等原稿的无网点层次印刷，目前已实现计算机制版和机械化印刷，使其速度更快，成本较低，而且适应性强，不仅可在纸张、织物等柔质材料上印刷，还可在玻璃、金属、木材等许多硬性材质上印刷，而且几乎所有水性、油性、合成树脂性油墨、颜料等均可通用。丝网印刷复制品细微层次丰富，清晰度高，墨层厚实，立体感强，可达到原作的效果，将是今后无网点印刷发展的主要方向。

颜色交流的魔杖——CIE 标准色空间

随着数字化技术的不断发展，印前工艺不断加入数字化技术成分，诸如彩色桌面出版系统、计算机直接制版系统、数字打样、数码印刷等，从图像的输入设备、显示器到最后的输出方法都日趋多样化。高分辨率扫描仪、数码相机、数码印刷机的应用已经日益普遍，原稿的种类也从传统的反转片、负片、反射稿发展到 photo CD 光盘和数码图片等。整个彩色印刷系统已经成为一个机动灵活的开放性系统，人们可以根据本单位的生产与经济情况，像搭积木一样选择使用任意厂家的各种设备，如甲方生产的扫描仪，乙方生产的显示器，丙方生产的照排机、打印机等，使不同厂家生产的不同型号的印刷设备组合成一个合作融洽的印刷复制系统。这些设备按照功能可分成三类，即输入设备（扫描仪、数码相机）、显示和处理设备（计算机及显示器）、输出设备（打印机、照排机、印刷机），不同类型设备之间的色空间是不同的，从而使得色彩控制更加困难。例如输入设备、显示器和处理设备采用 RGB（红、绿、蓝）色空间，打印、打样、印刷等各种输出设备使用 CMYK（青、品红、黄黑）色空间，使得原稿的色彩要在多种设备的色空间之间转换，而只要涉及转换必然会有色彩信息丢失，色彩的还原性能也会千差万别，保持原稿的色彩原貌非常困难。要想从原稿的输入到输出保持色彩的一致性，图像色彩的质量控制是至关重要的。为了从输入到输出保持色彩的准确传递，必须引入色彩管理，解决图像在各种色彩空间上的数据转换问题，实现各设备之间的最佳色彩传递，使图像的色彩在整个制作过程中失真最小。为此，首先要选择一个与设备无关的标准颜色空间，在各个设备的色空间建立确定的对应关系，最终做到用任何系统输出相同的色彩数据，都会获得相同的色彩效果，最后达到理想的色彩复制效果，真正做到色彩再现和再现色彩与所使用的设备无关。

颜色空间是指在特定的环境、硬件条件、技术支持下，某设备能够达到的最大色彩记录、复制或显示范围，简称为色空间、色域。

自然界中的色彩是由电磁波中的可见光混合组成的，所以作为色彩的观察者，健康的人眼看到的色空间比任何颜色模型中的色空间都宽广。但是每一种印刷设备使用的色空间的大小则不尽相同。RGB 色空间比 CMYK 色空间大一些，基本上涵盖了 CMYK 的色空间，但 CMYK 色空间也有一部分色彩超出了 RGB 色空间范围。

CIE（国际照明协会）所制定的标准色度系统具有容量最大的色度空间，

包含了RGB和CMYK色空间中的所有颜色，而且该系统具有完善的定义和研究基础，所以CIE色空间（CIELAB或CIE Lab色空间）被确定为色彩管理中与设备无关的颜色空间。在颜色复制过程中，色域很宽的CIELAB色空间是连通各设备色空间转换的桥梁。它是国际照明协会根据人眼视觉的特性，把光线波长转换为亮度和色相的一套描述色彩的数据，其中L描述色彩的亮度，A描述色彩的范围从绿色到红色，B描述色彩的范围从蓝色到黄色。自然界中几乎所有颜色都可以在CIELAB色空间中表达出来，另外，这种模式是以数字化方式来描述人的视觉感受，与设备无关，从而弥补了RGB和CMYK模式必须依赖于设备色彩特性的不足。

有了这根指挥自如的魔杖——CIELAB色空间，我们终于做到了使图文色彩数据信息在不同色空间的设备间转换传递时色彩失真最小，保证了同一画面的色彩从输入到显示再到输出中所表现出的效果尽可能一致，使复制品与原稿色彩相似甚至相同，有望达到“所见所得”这一原稿复制的最佳效果。

色彩复制中的定海神针——灰平衡

所谓的灰平衡是指印刷中黄、品红、青三色印版按不同网点面积配比生成中性灰的状态，产生中性灰色所需的青、品红、黄的网点面积数值偏高或偏低时，都会引起整个图像的色彩偏差。彩色印刷品的颜色千变万化，复制过程中操作人员不可能对每种颜色的不同层次都进行检查和控制，利用检验中性灰平衡的方法，可以总体控制印刷色彩的还原性，只要灰色系列在印刷过程中能精确再现，其他色彩就会被精确控制。在特定的印刷条件下，用黄、品红、青三色版的网点梯尺，由浅到深按一定的网点比例逐次套印，如果得到的梯尺整体没有彩色倾向，只有不同深浅的灰色，这个复制的全过程便实现了制版印刷的灰平衡。因为灰色属于中性颜色，又名“消色”，所以有时也称灰平衡为中性灰平衡。

灰平衡的作用是通过对画面灰色部分的控制来间接控制整个画面上的所有颜色阶调。它是衡量分色制版和颜色传递是否准确的一种尺度，是复制全过程中各个工序进行数据化、规范化生产时共同遵守和实施的原则。

实现灰平衡的前提条件是参与混合的彩色油墨最好是固定型号的一组

三原色，即黄、品红、青色。通常情况下一组黄、品红、青三原色油墨中任何一种出现颜色偏差或被换为另一种型号，都会影响原来的灰平衡。另外参与灰平衡的各色的网点面积与油墨用量应相对稳定。从理论上讲，等量的黄、品红、青色相混合应该达到中性灰，但生产中使用的黄、品红、青油墨均含有杂质，往往三色墨中都带有不同程度的相反色，颜色纯度不够理想，如青墨中常含有少量的品红，有的品红墨中则含有少量的黄。所用的品牌不同，其黄、品红、青的色相也不尽相同。例如在品红油墨中有使用洋红、品红或桃红的，在黄油墨中有使用中黄或透明黄的。在实际操作中将等量的青、品红和黄三色油墨混合后往往只能得到偏红色的黑。如要得到一个较为纯净的黑或任何一种灰色，必须寻找青、品红、黄油墨恰当比例的组合，即三种原色墨网点面积只能是不同的，同一阶调的青色网点需要比黄和品红色的网点大些，黄与品红色比例大致相等。色料三原色是所有五彩缤纷颜色变化的基础三原色。黑版是不参与色彩变化的，黑版的作用只是稳定灰平衡，在色彩画面中起着骨架作用，使暗调更加暗，强调低调层次和轮廓。

中性灰还原的好坏即能否达到平衡，是衡量图像分色及印制水平的最主要根据。由于不同厂家、不同型号的油墨性能各不相同，灰平衡数值也不同，因此，一定要根据各厂的具体条件来测试灰平衡数据，用来指导本厂的生产。在整个图像复制过程中，从印前到印刷都把中性灰平衡数据作为监控生产质量的一项重要质量标准。下表为一组常用的灰平衡数据。

三色比例 / 色相 / 阶调	青	品红	黄
1/4 阶调	25%	18%	18%
中间调	50%	40%	40%
3/4 阶调	75%	64%	64%

一般情况下，控制好印版上高、中、低三点阶调值的三色油墨网点面积百分比，即可达到灰平衡。

确定色彩印刷范围的重要手段——定标

定标又称为黑/白场定标，即在印前设备如电子分色机、扫描仪或彩色桌面出版系统中设置图像的高光点和暗调点，利用相关设备调整图像信号范围，分别将高光点与暗调点的电信号调节到合适的参考数值。图像的定标数据直接关系到复制品图像的色彩组成及阶调分布，正确设定高光点与暗调点，可将原稿的色调层次和细节真实地表现出来，所以定标是阶调成功复制的关键，是图像质量的命脉。印刷过程中，表现高光层次的小网点(1%～5%)在晒版和印刷时容易丢失，而暗调处那些大于95%的网点会因为印刷压力导致的网点扩大而变为实地。因此首先需要选择图像上的高光点(有层次细节的最亮点)和暗调点(有层次细节的最暗点)，使之位于可印刷复制的范围内。

对印刷图像设置黑白场，一种方法是通过扫描软件进行前端设置，另一种方法是通过图像处理软件进行后端设置，二者的功能效果是类似的，以前者更为有利。因为扫描是对原稿图像信息的直接采集，它所获取的图像信息是最贴近原稿的。而图像的后处理，只是通过以某点像素周围的图像信息为参照的一种模糊处理，处置不当往往会事倍功半。

阶调定标是一个系统工程，需要综合考虑多方面的因素。高光和暗调的定标是图像扫描分色的第一步。高光点的设定直接影响着亮调及中间调的色调层次，而人眼又恰恰对高光与亮调的明度变化极为敏感。一般铜版纸印刷时可设定印刷品再现的白场数值为：青5%、品红3%、黄3%、黑0%。只要正确设置高光点，便可使原稿上亮调和中间调层次得到很好的再现。应在尽量保全高光层次的基础上，兼顾画面的最佳明度和高光层次曲线的形态。其次，要把需要颜色层次的高光与极光点拉开距离，既要让极高光绝网，同时又要保证高光调的层次完整再现。高光的颜色层次变化是丰富多彩的，要针对具体原稿做具体分析，切忌千篇一律地简单处理。如朝霞或夕阳的画面，品红、黄的网点百分比肯定会作为主色调加以强调，不能认为是色偏而加以纠正。

暗调的设定原理与高光基本相同，所不同的是，我们往往通过肉眼确定图像的高光点，而要正确设定图像的暗调点却不太容易，因为人眼对暗调层次的分辨力不如对高调敏感，一般需借助相关的仪器来判断。暗调区域的颜色层次变化有时也非常丰富，特别是国画、油画等艺术作品，暗调定标既要“深”得有反差，又不能漆黑一团没了层次。“深”是指三原色用足量，网点叠印总量应达到340％左右，常用的黑场定标数据为：青95％、品红85％、黄85％、黑75％；所谓有层次，是指要充分利用黑版来强调暗调层次，使中间调、次暗调和深暗调能够明显地区分开来。在进行图像的黑场设定时，青版的网点百分比应大于品红和黄版8％～10％。在暗调部分调整中，黑版数值尤为重要。假如青、品红、黄的网点比例不符合上述原则，只要有70％～80％的黑版，印刷时仍能表现为黑色。

油墨和稀泥——专色墨调配

在彩色印刷正式开印之前，通常都需要对油墨进行一通“和稀泥”的处理，以使油墨适应印刷作业的要求，行业术语称之为调墨。一般印刷车间都有专门的调墨工序，任务是按照印刷工艺和设备的要求以及原稿颜色的需要，将几种油墨或相应的辅助剂进行调配，使油墨具有特定的性能和颜色。

调墨有两个目的，一是调油墨的印刷适性，二是调专色墨。

油墨的印刷适性是指为获得优质印刷品，油墨必须具备的适合印刷作业的各种性质，如适当的黏度、流动性、干燥性、耐光性等，同时需要考虑印刷品的种类、用途、承印物性能、机器类型、季节以及车间温湿度等因素。油墨适性调配一般是通过在原色油墨中加入各种辅助剂来完成。

所谓专色墨是指按照原稿设计的颜色标准，使用现有的彩色墨及辅助剂调配出的特殊颜色。在实际印刷中，尤其是在书刊封面、广告和包装装潢印刷中，经常使用专色平涂实地。比如一种墨绿色作书籍封面，我们可以用两种办法来复制：第一是采用三原色油墨按照一定的网点比例制版印刷，这需要三块印版、三个色组的操作及三层油墨的叠印；第二种方法是采用专色墨印刷，只要按照原稿要求调出同色的墨绿色油墨，一块印版、一个色组、一层油墨便解决问题。显然后者省时省料，降低成本，多数厂家会选择后者。

专色油墨通常是以三原色油墨为原料，运用减色法原理进行调配的。

三原色油墨的减色混合规律是：黄色＋青色＝绿色，青色＋品红＝蓝色，黄色＋品红＝红色，黄色＋品红＋青色＝黑色，任意两种或三种油墨按照不同比例可调配出更多的颜色。在三原色油墨的基础上再加上冲淡剂、白墨、黑墨,即可得到我们想要的所有颜色。

调专色墨的大体步骤是:认真分析原稿色样,确定油墨色相及各原色比例,同时还要了解印刷条件,如使用什么印刷方法、凹版还是平版、实地还是网线、使用什么承印材料等,因为不同的印刷方法和材料,其墨层厚度是不同的;计算专色墨的调配量,结合印刷总数量、单张纸的用墨面积、每张纸的墨层厚度及油墨损耗系数,用有关公式精确计算油墨用量,尽量减少不必要的浪费;将称量好的各种油墨混合搅拌均匀后,刮色样对照原稿色样标准进行调整至完全一致;做好相关记录,妥善保存,以备再版使用。

调配时应遵循的基本原则主要有:① 尽量选用同一厂家、同型号油墨和同型号的辅助材料,不同厂家的油墨很有可能会出现变质、凝固、发稠、沉淀等各种各样的问题,从而影响印刷的正常进行。② 能用两种原色油墨调配成的颜色就不要用三种原色油墨。③ 调配以冲淡剂为主、原色墨为辅的浅色墨时,按照先浅色后深色的顺序加墨。④ 运用补色理论纠正色偏,例如当某种复色墨偏紫时可加黄墨来纠正,若偏红可加入青墨(如孔雀蓝或天蓝墨)来纠正。⑤ 注意不同油墨的比重,比重相近的油墨容易混合,而比重相差较大的油墨则会引起印刷故障。⑥ 调专色墨刮样用纸要与印刷用纸保持一致。⑦ 选择油墨时要兼顾印后加工特点,若印品需要上光,则选用一般性油墨即可,若选用耐摩擦性好的油墨,不仅成本高,而且影响上光效果。

多色印刷工艺大盘点

到目前为止,人类已经用过了哪几种多色印刷工艺呢?由于多色印刷工艺非常出色地装点了人类的生活,而且还会继续受到大众的欢迎,所以我们有必要对不同的多色印刷工艺来一番盘点分析。

中国最早的多色印刷工艺是明朝万历年间发明的雕刻套版印刷术,即饾版印刷,是根据原稿需要雕刻几块、十几乃至几十块色版,使用传统国画颜料和宣纸,以手工印刷的方法来印制彩色印刷品,迄今为止,它仍是复制中国画的最好的印刷方式。作为我国的一种传统特色技术,目前国内仍有少数的印刷企业和机构在使用木刻水印法印制中国画和年画。20 世纪初期由国外传入中国的平版石印术也需绘制十几块印版。这些方法由于是手工操作，费工费时，不适合大规模印刷生产。

20世纪50年代前后，由于材料和技术的限制，很难用三色或四色印刷工艺完美表现彩色原稿的色彩和阶调。当时人们采用的是照相制版术，由于感光材料的性能不够好，亮调处无法复制出细小的网点，再加上油墨质量较差，用三色版或四色版复制时无法得到许多明亮的淡色，如淡蓝的天空色和淡红的人物肤色，这样便提出了用黄、品红、青、黑加上浅红、浅蓝（又名小红、小蓝）的六色印刷工艺。在明亮的淡色区以小红、小蓝色版为主，使整个画面明快自然，扩大了可复制的颜色范围，在一定程度上提高了印刷质量。由于六色复制工艺容易出现龟纹（一种不美观的印刷网纹），另外耗工费料，生产周期长，因此随着20世纪70年代电子分色机的引进和感光材料以及印版性能的改进，网点质量得到了提高，用黄、品红、青、黑四色版就能够取得较好的印刷效果，于是六色印刷工艺便逐渐被淘汰出局。

20世纪90年代，由于计算机技术的不断开发和调频加网技术的出现，使得采用多色印刷获得高质量印刷品成为可能。美国率先推出了高保真彩色印刷技术，即采用多色印刷（色数不定、超过四色）方法，例如青、品红、黄、黑、红、绿、蓝七色印刷，使用高质量油墨，进一步扩大了色彩再现的范围，使以往传统工艺难以复制的金属色和珠光色等均可实现。调频加网的使用不仅彻底消除了龟纹对画面的不良影响，而且增加了印刷品的反差、层次和清晰度。高保真印刷使原稿上每个像素都能得到准确再现，与传统的多色印刷已有着根本的不同。高保真印刷技术中的多色没有很固定的组合，通常视原稿色调情况在黄、品红、青、黑四色基础上增加需要的颜色，如可加红、绿、蓝、橙、紫等其中的一两种色。此种技术在印前以及印刷过程中对设备和技术水平要求较高，而且成本会增加，一般只用于特殊需要的高品质彩色复制，目前没有大规模使用，大多数彩色复制品在一个相当长的时间内仍将由四色印刷工艺来生产。

一切神奇终将回归原始——RIP（光栅图像处理）

RIP全称光栅图像处理器，在彩色桌面出版系统中的作用是十分重要的，它关系到输出的质量和速度，甚至关系到整个系统的运行环境，可以说是彩色桌面出版系统的核心。RIP也是直接体现系统开放性的关键，因此

RIP 是否符合 PostScript 标准，关系到是否能对各种应用软件生成的 PS 文件进行解释，是否支持汉字，是否支持各种硬件平台。

RIP 的主要作用是将计算机制作版面中的各种图像、图形和文字解释成打印机或照排机能够记录的点阵信息，然后控制打印机或照排机将图像点阵信息记录在纸上或胶片上。可以说，如果没有 RIP，做得再好的计算机版面，也不可能被打印或印刷出来。

图像的加网也是在输出过程中由 RIP 完成的。加网有很多种不同的算法，各 RIP 生产厂家都有自己的加网算法，如连诺·海尔公司的 HQS 加网、爱克发公司的平衡加网、Adobe 公司的精确加网等。但不同的算法会产生不同的效果，而且加网速度也有很大差别，生成的网点玫瑰斑形状也不一样，这主要是由于加网线数和网角以及点形的微小差别造成的。这些加网线数及输出设备的分辨率，与图像的分辨率及输出产品的层次间有紧密的关系。要想加网角度准确，加网线数接近标准值，往往需要大量的计算，解释速度也就相应降低。因此 RIP 的加网算法直接影响到图像的质量和输出的速度。

RIP 通常分为硬件 RIP 和软件 RIP 两种，也有软硬件结合的 RIP。硬件 RIP 实际上是一台专用的计算机，专门用来解释页面的信息。由于页面解释和加网的计算量非常大，因此过去通常采用硬件 RIP 来提高运算速度。软件 RIP 包括软件主体和各种设备驱动程序。软件主体实现光栅化，形成的图像文件由特定的设备驱动程序送到相应的外部设备进行输出。软件 RIP 是通过软件来进行页面的计算，将解释好的记录信息通过特定的接口卡传送给照排机，因此软件 RIP 要安装在一台计算机上。

目前计算机的计算速度已经有了明显的提高，RIP 的解释算法和加网算法也在不断改进，所以软件 RIP 的解释速度已不再落后于硬件 RIP，甚至超过了硬件 RIP。加上软件 RIP 升级容易，可以随着计算机运算速度的提高而提高，因此越来越受到用户的欢迎。

随着大幅面图文照排机和 CTP(Computer-To-Plate)的推出，RIP 的功能在不断地加强，如拼大版、大版打样、最后一分钟修改、预视、预检、光栅化、成像等的处理现已包括在 RIP 之中。有的 RIP 还涉及印后装订，少数 RIP 还能把涉及网点、油墨的一些印刷数据传送给印刷机。

电子版面输出稳定的保证——软片线性化

激光照排机的软片线性化是指根据照排机的状态和各种型号的软片性能以及显影药液的不同特性，调整 RIP 上的网点曲线，以便忠实反映原稿的网点大小。

印刷要求准确地还原原稿，这就要求对网点的还原要准确。由于照排机不可能始终稳定如一，各种软片的感光度、密度、宽容度、与各种药液发生反应的程度、显影时间、温度等因素的不同，还原网点的程度也不同，因此需要调整网点曲线。输出软片线性化不准确，可以导致文字变形、印刷效果不佳、图片颜色偏差、层次再现欠佳以及色块色彩偏差等问题。

软片线性化的操作过程为：首先制作一个从 0～100%的 21 级渐变梯尺并确定照排机的分辨率，综合调整照排机的曝光强度及冲片机的温度、时间等参数，输出这个梯尺，将有梯尺的胶片冲洗出来，然后用密度计测量从 0～100%各级的网点百分比，并记录下来，再将测得的值与梯尺的标准值比较，调整 RIP 中的灰度变换曲线。例如标准为 50%，测得的值为 53%，说明网点扩大了 3%，需在 RIP 中的 50%处输入 47%。重复以上操作，将各网点的误差控制在 2%以内。最后对曲线做平滑处理，并将线性校正参数保存，并应用于软片的输出。

在做软片线性化时需要注意以下几个问题。首先检查所使用软片的感光波长与激光照排机光源是否一致；在做软片线性化前要保证冲片机状态正常，即显影、定影药液固定，药液浓度正确，显影、定影时间、温度固定，在做软片线性化之前还要检查图像的实地密度是否适合印刷。一般来说，铜版纸印刷要求软片实地密度为 4.0 以上，报纸印刷要求软片实地密度为 3.4 以上，因此，先要调整照排机的光值，以达到要求密度。调整密度值时，并非密度越高越好，密度太高会造成线性偏离太远。以网屏 3050 照排机为例，柯尼卡软片密度一般调整为 4.0～4.2 之间，高于 4.2 后，50%的网点会扩大到 60%以上，此时用线性化调整效果不佳。密度合适的情况下，网点应为 50%的地方实际值在 50%～56%较好。冲片机中药液的浓度每天都会发生变化，会影响网点的还原，因此，对于高质量的印刷品应该每天都要做软片线性化，有条件的输出中心也应该每天都做软片线性化，更换药液或更换软片时一定要重新做软片线性化。

化解纷争的试印刷——打样

样张是印刷品的墨色规矩样，具有直观反映图像复制再现特性和预测检验印刷质量的功能，是用于检验印前质量和签样的基本要素和依据，是印前公司与客户之间、印前工序与印刷工序之间交换意见，确认质量标准的媒介和依据。作为样张必须满足两个基本要求：一是质量高；二是用企业现有印刷条件可以生产出来的。

打样的目的是生产出满足质量要求的样张，为校审人员和制版、印刷工序提供依据和标准。当客户与印刷企业之间对印品的质量意识产生分歧时，经客户签署的样张就成为化解纷争、确定责任归属的直接依据。

打样的作用在于：① 检查制版各工序的质量。利用打样来检验分色、制作、输出等的效果，反馈到前工序，以便更改。② 为客户提供审校依据。样张经客户签字后即可付印。③ 为正式印刷提供墨色、规格等依据及参考数据。

打样是检验印前制作质量，为印前工序提供特性参数的工序。通过打样检查样张图文的版式规格、图文内容、定位套印等是否正确，检验版面颜色、层次、灰平衡、均匀性等是否满足质量要求，同时为印前制作工序提供色彩值、灰平衡值、网点扩大值等特性参数。

打样的种类比较多，如机械打样、光化学打样、升华打样、软打样、数字打样等。

机械打样是使用打样机，在与印刷条件基本相同的条件下，把印版上的图文油墨转移到承印物上，印取小批量样张的方法。这种打样方法完全模拟了印刷过程，是以压力原理实现图文油墨的转移，能够比较准确地反映出印版与印刷过程中的性能特征，样张与印刷品比较一致。

光化学打样是一种不用印版、在晒版之前通过软片原版、利用曝光成像原理制作样张的方法，目前有重氮片打样法、色粉打样法等。

软打样（屏幕打样）是在显示屏上显示图像效果，以预测印刷时图像的色彩和内容。

数字打样是指通过数字打印机的输出方式输出样张。数字打样设备的质量已经改进到可以使用多种设备制作合同样张的程度。

让错误无以遁形——校对

校对(旧称校雠)是最重要的出版条件。列宁在编辑《火星报》期间十分重视校对工作,他强调指出:“最重要的出版条件是:保证校对做得很好。做不到这一点,根本用不着出版。什么是校对呢? 找出将要印刷的产品中所有的错误,并予以改正。”

出版物是一种思想文化信息载体,其作用在于将信息传递给读者,并作为文化遗产积累留存。实现文化传播和积累,最重要的条件是“保真”,即准确无误,完整无缺。失真的信息是没有传播和积累价值的。

现代校对的任务有二:一是比照原稿校核校样,依据原稿改正排版错误;二是采用通读方法,发现并改正原稿本身可能存在的错误;三是通过技术整理,保证版面格式的规范与统一。

校对工作与编辑工作的关系可以用八个字来概括:同源、分流、合作、同归。校对工作是与编辑工作同时出现的,校对工作历来是编辑工作的重要组成部分,是特殊的编辑工作,是出版生产流程中的独立工序,处在发排后、印制前这一质量把关环节,其作用是将文字差错和其他差错消灭在出版之前,从而保证出版物的传播价值和积累价值。

校对工作同编辑工作一样,是文字性、学识性、技术性的创造性劳动,是编辑工作的延续,是对编辑工作的补充和完善,因而是最重要的出版条件。校异同和校是非是现代校对的基本功能。

传统的校对方法有四种,即对校法、本校法、他校法、理校法。

基本校对制度为:三校一读制度。“三校”即三个校次,这是必须坚持的最低限度的校次。“一读”即终校改版后的通读检查。一校、二校以对校为主,任务是消灭录排差错,三校以本校为主,任务是发现并质疑原稿错讹,一读是最后通读检查。磁盘书稿的校对,由于原稿与校样合二为一,一校没有可资比照的原稿,则应采用本校法,通过是非判断发现录排差错和原稿错讹。

人机结合是校对在新技术条件下的创新,是现代校对方法的发展。提出“人机结合”是因为计算机校对软件是采用基于分词和词间接续关系的方法编制的，查检常见错别字、专用名词及成语错误时效果相当好，速度极快，辨识力很高，是校对的得力工具。但是，汉语校对是一项高度智能化的工作，它不仅依赖于各种知识，而且依赖于校对者对作者创作意图的了解，完全脱离人的计算机校对几乎是不可能的。综上所述，人机结合，优势互补，这是现代校对的发展方向。

数码打样

数码打样技术就是用彩色打印机模拟印刷打印样张的技术。与传统打样方式相比，数码打样具有巨大的优势。

传统打样工艺是这样的：计算机排版→校对→输出胶片→晒制打样板→机械打样→印刷。

数码打样工艺是这样的：计算机排版→校对→数码打样→印刷。

比较可知，数字打样不用拼版、晒版、显影、上版、擦水、套印、上墨、洗墨，不用担心温度、湿度影响，不用担心脏点、墨皮，不用担心套不准、颜色偏色以及每张颜色出现差别。传统打样由于可变条件太多，通常令几次打样样张颜色都不一致，不同的人、不同时间、不同环境打出的样张效果都不相同。而数字打样时，一旦检查出样张中存在问题，则有可能是由于计算机对彩色打样机的控制不够精确，只要选择校色曲线无误，则任何时候、任何人打样，颜色都会保持一致。

特别重要的是，打样后检查出问题时，数码打样可以直接返回到排版工序进行修改，然后重新打样即可；而机械打样浪费掉整套胶片和印版。

数码打样的缺陷是其原理与印刷完全不同，彩色打印机的颜色色域与传统印刷打样的色域差别较大，如果不加以处理，将起不到打样应有的效果。解决这个问题，必须要进行精确的色彩管理。

今天，CTP 的迅速发展使数码打样技术日臻成熟，数码打样成为必然趋势。数码打样具有设备成本较低、耗材价格较低、投资少、占用空间小、不受环境及人为因素影响等优势，充满了无法抗拒的魅力。

水墨平衡才出彩

平版胶印是建立在印版图文部分亲油斥水、空白部分亲水后抗油、油水不相混溶原理上的。胶印过程中水墨的供给，是非常关键的一个环节。

印刷原理告诉我们“只有当印版空白部分的水膜和图文部分的墨膜存在着十分严格的界限，油水互不浸润时，才能达到胶印的水墨平衡，油墨才能顺利地传递和转移。”

水墨平衡是平版印刷的基础。在胶印过程中，水墨平衡是否恰到好处，这与印迹的正常转移、墨色深浅、套印的准确性以及印刷品的干燥状态有着十分密切的关系。因此，能否正确掌握和控制水墨平衡，是确保印刷产品质量稳定的关键。

在印刷过程中，印版在空白部分附着有一定的水膜，当水膜能够与一定量的油墨抗衡时，就不会被墨辊上的油墨沾脏，如果水分过小，水膜的量不能抗拒油墨对空白部分的吸附，则空白部分会黏附油墨，产生挂脏，供墨量少则会使印品字迹无光泽，浅淡发灰，印迹不实，印迹中布满雪花似的白点。

出现水少墨多的现象时，易产生印品墨色不均、挂脏，某一部位或大块版面由于缺水导致糊版、糊字，同时印品的印迹墨色也比较深，使印品变的黑乎乎，网点不清晰时，对细微网点的再现影响最大，图像分不清层次。

如果版面的水分过大，逐步传布到所有的墨辊表面，形成一定厚度的水层，阻碍了油墨的正常传送，油墨的乳化速度加快，印迹墨色逐渐不饱和，图文变浅，字迹发虚、发灰、发毛、发花，暗淡无光。印迹周围有晕虚、不利落，图像不清晰，无层次。当版面水分过量时，墨色会变浅，往往会盲目地认为供墨量少，因而不断增加墨量，长时间循环往复，油墨乳化失去了稳定性，造成水墨不平衡的恶性循环，导致油墨严重乳化，堆聚在墨辊表面，使印刷无法正常进行。

保持水墨平衡，首先应管理好水。胶版印刷油墨一般采用抗水性好、色彩鲜艳、透明度、饱和度、纯度都比较好的油墨。然而任何事物都有其两面性，在实际印刷过程中，理想的水墨平衡并不存在，胶印的水墨平衡只能是一个相对的概念，其油墨乳化是不可避免的，关键是要掌握得当，达到相当水平的水墨平衡。

结合印刷过程中水墨传递的规律，胶印水墨平衡的含义应该是：在一定的印刷速度和印刷压力下，控制润湿液的供给量和图文基础的供墨量，使乳化后的油墨所含润湿液的体积分数比例在15％～26％之间，形成轻微的“油包水型”乳化油墨，用最少供液量与印版上的油墨相抗衡。

印刷也要有压力

我们都有过按手印的经历，在这个过程中，转移到纸张上的印迹是否清晰、印泥的多少、有没有变形，都与手指按压的力量有一定关系。

印刷也是这样，整个胶印工艺就是解决油墨与纸张之间的矛盾，要把印版上涂有油墨的图文顺利地转移到被印刷的纸张上，那就必须在图文转移过程中施加一定的印刷压力。

人们常说“没有压力就没有印刷”，这句话充分说明了印刷压力的重要性。既然印刷压力如此重要，是不是这个压力就是越大越好呢？当然也不是。一般来说，印刷压力的适当与否，往往是通过印品的印刷质量表现出来的。印刷压力应当是以印刷产品网点结实、图文清晰、色泽鲜艳和浓淡相宜为前提，并且是施加得越小越好。

胶印的压力来自橡皮滚筒上的包衬（包括橡皮布和衬垫）因压缩变形而产生的弹力。印刷压力的理论表示方法为：千克力/平方厘米，但是这种表示方法比较难以测定。在胶印生产实践过程中，印刷压力一般用印刷滚筒包衬压缩量来（毫米）表示。

印刷压力过重可引起套印不准、网点扩大加剧，印刷压力不适可引起墨杠痕迹、重影、墨色发花，甚至会引起脏版和糊版。印刷压力过小时将会引起以下问题，如印刷图文的转移不够完整，印迹固着不牢，图文发虚，网点不实，色泽灰淡等。

因此，理想印刷压力应当是在一定的印刷条件下，在印迹足够结实饱满但不铺展的基础上，均匀地使用最小的压力。

理想压力并不是固定不变的概念，而是在有利于产品质量的前提下，根据各种客观的印刷条件适当调整并适应。在实践中，一般将理想压力控制在0.15～0.25毫米左右，并且压印滚筒与橡皮滚筒之间的压力大于印版滚筒与橡皮滚筒之间的压力约0.05～0.10毫米。

印刷后加工技术

从印刷机里印刷完毕的产品是不是就是我们所看见的产品呢？如果不

是的话，那么印刷品还要经过哪些工艺呢？

印刷技术是一个系统工程，主要划分为印前、印刷、印后加工三大工序。印后加工是使经过印刷机印刷出来的印张获得最终所要求的形态和使用性能的生产技术的总称。那么印刷品要通过怎样的加工才能符合要求呢？

印刷品是各种印刷类产品的总称。印刷品印后加工按加工的目的可以分为三大类。

（1）对印刷品表面进行的美化装饰加工：例如为提高印刷品光泽度而进行的上光或覆膜加工；为提高印刷品立体感的凹凸压印或水晶立体滴塑加工；增强印刷品闪烁感的折光、烫箔加工等。

（2）使印刷品获取特定功能的加工：印刷品是供人们使用的，不同印刷品因其服务对象或使用目的不同而应具备或加强某方面的功能，例如使印刷品有防油、防潮、防磨损、防虫等防护功能。有些印刷品则应具备某种特定功能，如邮票、介绍信等的可撕断，单据、表格等能复写，磁卡则应具有防伪功能等。

（3）印刷品的成型加工：例如将单页印刷品裁切到设计规定的幅面尺寸；书刊本册的装订；包装物的模切压痕加工等。

印后加工技术是印刷环节中不可或缺的部分，印刷品是否能够使读者赏心悦目并且爱不释手，除内容外，从原稿设计、版面安排、色彩调配、装潢加工等方面，必须赋予印刷品以美的灵感。当今时代，人们对印刷品的外观要求越来越高，而满足这一需求的主要途径，就是对印刷品进行印后精加工，通过修饰和装潢，提高印刷产品的档次。所以印后加工是保证印刷产品质量并实现增值的重要手段，尤其是包装印刷产品，很多都是通过印后加工技术来大幅度提高品质并增加其特殊功能的。

古代书籍装帧形式

在印刷术发明以前，图书是抄写在丝帛或纸张上的，采用长卷形式，阅读时展开，平时卷起。这一时期的图书只能是卷轴装形式的。唐代雕版印刷普及以后，由于书版各自成块，卷轴装已不适用，古籍装帧改进为册页形式，先后出现了旋风装、经折装、包背装、线装几种形式，其中的线装形式一直沿用至今。

卷轴装又称卷子装，这种装订形式应用时间最久，它始于周，盛行于纸本书初期的隋唐，与书画的装裱相似，在长卷帛书、纸书的左端安装木轴，旋转卷起，敦煌石窟中发现的大批唐五代写本图书都采用这一装帧方式。进入版刻时代后，图书改为册页形式，但仍有一些采用卷轴装。

印刷术发明后，随着社会、文化乃至印刷业的不断发展，印本书日益增多，为便于翻阅，书籍的装帧形式逐渐由卷轴装向册页装演变。作为过渡形式，出现了旋风装和经折装。

旋风装是在一纸长卷上依次粘贴书页，每页正反两面书写文字，展开长卷可翻页阅读。这种装订的特点是外表仍为长卷，里面却是错落有致的书页，实为介于卷轴装和经折装之间的一种装订形式，大约盛行于唐代。

经折装又叫梵夹装、折子装，是将图书长卷按一定宽度左右折叠起来，加上书衣，使之成为可以随时展读的册子，历代刊刻的佛经道藏多采用这种装订形式，古代奏折、书简也常采用这一形式。

蝴蝶装简称蝶装，又称粘页，是早期的册页装。蝴蝶装出现在经折装之后，由经折装演化而来。蝴蝶装是将每页书在版心处对折，有文字的一面向里，再将若干折好的书页对齐，粘贴成册。采用这种装订形式，外表与现在的平装书相似，展开阅读时，书页犹如蝴蝶两翼飞舞，故称为蝴蝶装。蝴蝶装是宋元版书的主要形式，它改变了沿袭千年的卷轴形式，适应了雕版印刷一页一版的特点，是装订形式的重大改革。但这种版心内向的装订形式，人们在翻阅时会遇到无字页面，同时版心易于脱落，造成掉页，所以逐渐又为包背装取代。

包背装是将印好的书页版心向外对折，书口向外，然后装订成册，再装上书衣。由于全书包上厚纸作皮，不见线眼，故称包背装。包背装出现于南宋，盛行于元代及明中期以前。包背装改变了蝴蝶装版心向内的形式，不再出现无字页面，但未解决易脱页的问题，所以后来又发展为线装形式。

线装书是传世古籍最常用的装订方式。它与包背装的区别是，不用整幅书页包背，而是前后各用一页书衣，打孔穿线，装订成册。这种装订形式可能在南宋时已出现，但明嘉靖以后才流行起来，清代基本采用这种装订方式。其特点是解决了蝴蝶装、包背装易脱页的问题，同时便于修补重订。

古籍的装订有着不断更新的发展演进过程，不同时期流行不同的形式，了解这一进程,对古籍的年代鉴定十分重要。如传世宋版书多经过后人重新装修,或改为包背装,或改成线装,但仔细观察,仍能在版心处发现粘贴痕迹,书页外沿则有磨损痕迹。

现代书籍由哪几部分组成

作为一种传播信息知识的工具,人们经常接触书籍。书籍的组成还有什么必要介绍呢?我们来看看这些词:扉页、版权页、开本,这些指的是什么呢?

一本书通常由封面、扉页、版权页(包括内容提要及版权)、前言、目录、正文、后记、参考文献、附录等部分构成。

封面是书芯的外衣,可以起到保护书芯的作用。书芯,指不包括封面的光本书。封面又分为封一、封二(属前封)、封三、封四(属后封)。

扉页一般在书芯的第一页,上面常加有书名、副书名、著译者姓名、出版社等。扉页又称为内封、里封,内容与封面基本相同,一般没有图案,与正文一起排印。

版权页又叫版本记录页或版本说明页,一般印刷在扉页背面的下部、全书最末页的下部或封四的右下部(指横开本)。版权页上印有书名、作者、出版者、印刷厂、发行者,还有开本、版次、印次、印张、印数、字数、日期、定价、书号等。其中开本是指版面的大小,一般在版权页下方“开本”后的第一组数字表示印张的大小用“毫米”表示,第二组数字表示开本大小。举例说明:开本:880 毫米×1 230毫米　1/32,其中 880 毫米×1 230 毫米是指印张的面积,1/32是指书籍的开本,此书为 32 开本,即常说的 32 开。

印张是印刷厂用来计算一本书排版、印刷、纸张的基本单位,一般将一张全张纸印刷一面叫一个印张,一张对开张双面也称为一个印张。常用的全张纸尺寸有 787 毫米×1 092 毫米、850 毫米×1 168 毫米、880 毫米×1 230 毫米。

字数是以每个版面为单位计算的,每个版面字数等于每个版面每行的字数乘以行数,全书字数等于每个版面字数乘以页码数,在版面中,图、表、公式、空行都以满版计算,因此“字数”并不是指全书的实际行字数。

书籍的印后加工——装订

从印刷机印出的大印张，要经过折页、配帖、订联、包封面、切边等多道工序加工之后，才得以呈现出书刊的面貌，以上这些工序的总和就是装订。那么书刊装订都有哪些方式呢？一本书要经过哪些工艺才算是全部完成了呢？

图书的装订简而言之可分为书封（书壳）的装帧和书芯的订联两个方面。书封的装帧是为了保护书芯，以求外形美观而采取的措施，如包封面、装书壳、加护封、切书边等；书芯的订联则是为了把散页的书帖联结成书芯，便于保存和阅读。书身的外装又分为平装和精装两大类。

(1) 平装：平装是图书装订技术中较为普及的装订方式。其工艺比较简单，用料少，成本低，适合发行量较大的通俗读物、教科书、儿童读物等。

(2) 精装：对于重要的经典著作、学术著作、重要史料、画册、图集、工具书等多采用精装。精装书有坚硬的书壳，有的还加护封，对书芯有较好的保护作用。由于精装书用料讲究，工艺繁杂，所以精装书的成本较平装书要高。精装书已属图书的精品了，对于某些图书，为了提高它的收藏价值，甚至采用豪华装，不但装帧设计美观，装帧用料更属上乘。

书芯的订联方式多种多样，随着时代的变迁和技术的发展，根据不同的要求，装帧方式也在不断进步。书芯的联结方法如下：

(1) 三眼订：在书帖的订口附近打三个订眼，用线穿过订眼把书帖联结成书芯而得名。三眼订是老式的手工订书方法，生产效率低，书芯翻开后不易摊平，20 世纪 50 年代以后已很少使用。

(2) 铁丝平订：在书帖订口处用铁丝订书机将书帖联结成书芯。

(3) 锁线订：对于书芯在 200 页以下的图书尚可用铁丝平订，而对于书芯较厚的图书则必须使用锁线订。50 年代以前用手工锁线，60 年代以后才逐渐使用上了穿线机。

(4) 缝纫订：这也是平订的一种，是用工业缝纫机沿书帖订口处订缝，把书帖联结成书芯。书芯在 100 页以下的图书或小册子，不用铁丝订时，可用缝纫订。

(5) 无线胶订：这是 20 世纪 70 年代以后才逐渐流行的一种书芯订联

方式。

（6）骑马订：对于只有一两个印张的薄册子和刊物可采用骑马订。骑马订多用于期刊的装订，是中国期刊装订的主要方式。

一般书刊的装订工艺——平装

平装是根据现代印刷的特点，先将大幅面页张折叠成帖，配成册，包上封面后切去三面毛边，最后成为一本可阅读书籍的装帧过程。平装是一种总结了包背装和线装的优点后改革而成的书籍装帧形式，也是一种使用较多的平面订联成册的装帧方法。

那么平装书是什么模样的呢？在日常生活中看到的大部分杂志、书籍都是平装书，教科书绝大多数也是平装书。虽然它们都叫平装书，但是这些平装书却有着不同的装帧工艺。平装包括铁丝订、骑马订、锁线订、无线胶订和塑料线烫订。

铁丝订是用金属铁丝联结书册的方法。常用的平面订和骑马订装本均采用铁丝订，但较厚的书册订后不易翻阅，而且当环境潮湿时铁丝易生锈从而影响书刊的牢固程度。铁丝订书是一种应用最广、成本最低的装订方法，常见的订书形式有两种，一种是铁丝平订，一种是骑马订。

铁丝平订是将用配帖法配好的书帖，在订口处用订书机将铁丝穿过书芯在背面弯折，把书芯订牢的订书方法。铁丝平订一般用于装订较薄的书刊、杂志，对所装订的书帖有较宽的选择性。

骑马订是一种简单的书籍装订形式。加工时封面与书芯各帖配套在一起成为一册，经订联、裁切后即可成书，装订后的骑马订书册钉锯外露在书刊最后一折缝上。由于订书时书芯是骑在订书机上装订的，故称骑马订装，如常见的杂志、较薄的书本等。

锁线订是一种用棉或丝线经上蜡处理后，在书贴的最后一折缝线上，按照号码和版面的顺序逐帖穿联起来的方法，主要形式分平锁和交叉锁两种。锁线订是一种历史悠久、质量较高的传统订书方法，是用线沿各书帖折缝处订缝，不占订口，装订成册的书籍容易摊平，阅读时翻阅方便，可以装订各种厚度的书籍，并且对于胶质和各种外来条件的作用比较稳定，因此，锁线订书芯的牢固度高，使用寿命长，现在很多较厚的书还在使用锁线订。

无线胶订是一种用胶黏剂代替金属或棉线等将散页的书芯联结成册的方法。无线胶订是一种较先进的工艺，使用范围广，省工节料，提高效率，无论书籍厚薄、幅面大小或精平装均可采用，并能配套进行联动生产作业。现在很多教科书、较厚的杂志等都在使用无线胶订。

塑料线烫订胶粘装订法，是在无线胶订的基础上发展起来的一种新的装订工艺，是在书刊装订时将每一书帖最后一折的折缝上从里向外穿出一根特制塑料线，穿进的塑料线被切断后加热使塑料线熔化并与书帖折缝黏合，从而使其联结成册。用这种方法既可装订平装书刊，也可装订精装书籍。

让印刷品光彩照人——上光

随着时代的变迁，当代印刷的目的不再仅仅是为了传递知识，印刷品还包含了资讯的传播，其中有商业性、体育性、娱乐性、新闻性等等。现今的消费者越来越注重外表品质的感觉，欲在市场中引来众人的目光，只有靠印刷品的印后加工来实现。上光加工是改善印刷品表面性能的一种有效方法，上光能使印刷品增加美观，同时具有防潮、防热、耐晒的作用。

在印刷品表面印上一层无色透明涂料，干燥后起保护及增加印刷品光泽的作用，这种加工工艺称为上光。一般来说书籍封面、插图、挂历、商标装潢等印品的表面都要进行上光处理。

印刷品上光的实质是通过上光涂料在印刷品表面的流平、压光，借以改变纸张表面呈现光泽的物理性质。由于上光时涂上的涂料薄层具有透明性和平滑度，因而不仅在印刷品表面呈现涂料层的光泽，而且能使印刷品上原有图文的光泽透射出来。那么通过上光工艺可以给印刷品带来哪些好处呢？

首先，上光可以为印刷品增加商品的附加价值，可使印刷品表面呈现亮丽或特殊的质感，例如亮面上光可大幅提升印刷品表面的光泽度，雾面上光可给人优柔的粉嫩质感，局部上光能达到突显印刷品表面所想表现的主题等。这些经过加工的印刷品与未上光的印刷品相比，更具有质感与价值感，提升了其附加价值，同时可体现出设计者独特的表达方式。

其次，印刷品应用上光技术后，表面的薄膜产生一种光泽感，可吸引消费者的目光，成为视觉焦点，借此刺激消费者的购买欲。

此外，上光还可以起到保护封面的作用，使图书便于长期保存。印刷品表面涂布裱合树脂、胶膜或蜡油等形成膜面，使印刷品多了一层保护膜，防止其被污染、被刮伤，增加其耐磨度及防水能力。某些有特殊用途的印刷品也需要进行上光处理，如扑克、冰激凌等食品的包装纸等。

给印刷品一张新“面孔”——覆膜

覆膜工艺是印刷之后的一种表面加工工艺，又被称为印后过塑、印后裱胶或印后贴膜，是指用覆膜机在印品表面覆盖一层 0.012～0.020 毫米厚的透明塑料薄膜，形成纸塑合一的产品加工技术。一般来说，根据所用工艺可分为即涂膜、预涂膜两种，根据薄膜材料的不同可分为亮光膜、亚光膜两种。

作为保护和装饰印刷品表面的一种工艺方式，覆膜在印后加工中占很大的份额，随便走进一个书店你就会发现，大多数图书都采用这种加工方式。经过覆膜的印刷品，表面会更加平滑、光亮、耐污、耐水、耐磨，书刊封面的色彩更加鲜艳夺目，印刷品的耐磨性、耐折性、抗拉性和耐湿性都得到了很大程度的提高，保护了各类印刷品的外观效果，延长了使用寿命。因此，覆膜工艺在我国广泛应用于各类包装装潢印刷品以及各种装订形式的书刊、本册、挂历、地图等，是一种很受欢迎的印品表面加工技术。覆膜工艺是在 20 世纪 80 年代后期引进我国的，首先引进的是即涂膜。由于覆膜有很多优点，所以在十几年内迅速普及全国各地，同时逐渐形成了“覆膜热”。有许多书刊本册等印刷品的封面（或表面）和各种包装盒类等，都选用覆膜工艺进行表面装饰加工，以提高印刷品的外观效果和牢固性等。

但是，覆膜加工过程中会有甲苯等有毒物质挥发损害人们健康，并且覆膜后的纸张因表面附有一层塑料膜而很难回收，使其成为一种白色污染。随着人们的环保意识逐渐增强，塑料覆膜工艺在欧美等国家已属淘汰工艺，欧美国家甚至拒绝有塑料覆膜的各种包装物进口。因此，开发和应用无公害、无污染的“绿色”材料和工艺势在必行。

精装书书芯的制作

将折好的书帖按其顺序配、订后的半成品称为书芯,即毛本书。那么书芯是如何加工的呢?

精装书书芯制作的前一部分和平装书装订工艺相同,包括裁切、折页、配页、锁线与切书等。印刷好的印张先经过裁切,使印张的尺寸与折页机相对应,然后进行折页,折好的书帖就可以进行配页了。配页也称配帖,即用手工或机器等不同的配页方法,将零散的各帖按顺序组合成册。成册的书贴按照号码和版面顺序,在书贴的最后一折缝线上,用上过蜡的棉线或丝线逐帖穿联起来,就完成了锁线。锁线后将书芯天头、地角、切口三面裁切,半成品的书芯就加工好了。

在完成上述工作之后,即可进行精装书芯特有的加工过程。精装书书芯为圆背有脊形式时,可在平装书芯的基础上,经过压平、刷胶、干燥、裁切、扒圆、起脊、刷胶、粘纱布、再刷胶、粘堵头布、粘书脊纸、干燥等程序完成精装书芯的加工。书芯若为方背无脊形式,则不需要扒圆,若为圆背无脊形式,就不需要起脊。

那么压平、刷胶、干燥、裁切、扒圆、起脊……是指什么呢?

压平是指在专用的压书机上进行水平加压,使书芯结实、平服,提高书籍的装订质量。刷胶是指用手工或机械在书背刷一层胶,使书芯达到基本定型,使书贴在下道工序加工时不发生相互移动。裁切工序是对刷胶基本干燥的书芯进行裁切,成为光本书芯的过程。扒圆是由人工或机械把书脊背脊部分处理成圆弧形的工艺过程,扒圆以后,整本书的书帖能互相错开,便于翻阅,提高了书芯的牢固程度。由人工或机械把书芯用夹板夹紧夹实,在书芯正反两面接近书脊与环衬连线的边缘处压出一条凹痕,使书脊略向外鼓起的工序叫做起脊,这样可防止扒圆后的书芯回圆变形。最后是对书脊进行加工,加工方法包括刷胶、粘书签带、贴纱布、贴堵头布、贴书脊纸。贴纱布能够增加书芯以及书芯与书壳的连接强度。堵头布贴在书芯背脊的天头和地脚两端,使书帖之间紧紧相连,不仅增加了书籍装订的牢固性,又使书变得美观。书脊纸必须贴在书芯背脊中间,不能起皱、起泡。

总之精装书芯的加工过程就是一个使书籍方便阅读、使外形更加美观的过程。

精装书书壳的制作

书壳是精装书的封面,一般将精装书壳分为整面书壳和接面书壳两种。整面书壳是由一张完整的封面材料制成(如全布面、全纸面)。接面书壳的封面材料不是一整块,通常是封面和封底用一种材料,书腰用另一种材料拼接而成。

精装书壳是由软质裱面材料、里层材料和中径纸三部分组成。常用的裱面材料有绸缎、人造革、漆布、塑料纸、各种织物及纸张等。里层材料是指组成前、后封的材料,多采用纸板。中径纸多用厚纸或纸板。

书壳在展开平放时,前后封中间的距离叫中径。前后封的硬纸板与中径纸板中间的距离叫中缝,也称隔槽、书槽。在前封和中腰正面一般用烫印或印刷方法印上书名、作者名、出版社名称及其他装饰性图案。中径纸能使书壳中腰坚固和富有弹性,便于烫印,在翻阅全书时中径纸也是支持书芯的弹性支柱。

常见的书壳还有塑料书壳,塑料书壳一般是根据出版社的要求而制作的。它是采用高频介质将塑料膜加热,按照书刊规格压制而成的整面书壳。塑料书壳防水耐磨,多用于经常翻阅的图书或小开本的字典、手册、工具书之类的图书。

我们常说书壳是书刊的外衣,对于书籍来说,它一方面起着外部装饰作用,另一方面也是为了保护书籍使其具有完好的使用性。因此,书壳不仅应有美观的外表,还应有耐用性,制作材料便宜而不变形。那么书壳应该如何制作呢?

制作书壳时,首先要进行裁切。我国生产的精装书籍、画册等封面用纸板为单张纸板,其尺寸为 1 350 毫米×920 毫米。在裁切纸板时,应从四边裁去纸板边,然后根据书刊的开本尺寸计算出书壳纸板的尺寸,按最经济的排列方案,并尽可能地使书籍的书背沿纸板纤维的纵纹进行裁切。

按规定尺寸裁切好封面材料后进行刷胶,再将前封、后封的纸板压实、定位(称为摆壳),包好边缘和四角,再进行压平。此时的书壳,在前后封以及书背上还需压印书名和图案等。为了适应书背的圆弧形状,书壳整饰完以后，还需进行扒圆，扒圆后书壳的手工制作才算完成。

在现代化工业时代，我们也可以用糊封机完成书壳的制作。使用糊封机可以制作整面书壳，也可以制作接面书壳。糊封机可完成从输料到精装书壳制作完成的全部工作。

另外，书壳制作完成以后，还必须经过干燥，以排除糊封时黏合剂中的水分，确保下道工序的正常进行。制作好的书壳还需要进行装饰加工，使其更加美观。

无线胶订

无线胶订是指用胶质物质将每一帖书帖沿订口相互粘接为一体的固背装订方法。无线胶订是20世纪50年代初期在欧洲发展起来的装订工艺，大约在60年代初期我国开始使用无线胶订。

无线胶订是如何来装订书籍呢？无线胶订装订书籍的方法很多，一般有切孔胶粘装订法、铣背打毛胶粘装订法、切槽式胶粘装订法和单页胶粘装订法。

切孔胶粘装订法是印张在折页机上折页时，沿书帖最后一折的折缝线用打孔刀打一排孔，折叠以后，这些背脊孔在订口处外大内小形成喇叭口，再经配页、压平、捆扎后，在书背上涂刷胶粘材料，胶液从背脊孔中渗透到书帖内的每张书页，使每页的切孔相互牢固粘连。较厚的书(一般在20毫米左右)还要粘纱布和卡纸，干燥后分本，即成为无线胶粘装订的书芯。

用切孔胶装订法时，为了使胶液能够渗透到书帖中的每张书页，使书帖里面的书页粘牢，胶液必须具有较低的黏度。这种装订方法不能使书芯得到高强度的结构，尤其是书帖里面的书页不能得到足够牢固可靠的粘接，不适用于32开书帖的装订。因此，这种装订方法有一定的局限性。

铣背打毛胶粘装订法是将配好页的书帖撞齐、夹紧、沿订口把书背脊用刀铣平，铣背的深度根据纸张的厚度和书帖的折数而不同，以书芯的每张纸背都露出为宜，然后把胶粘材料涂刷在书背表面，并使凹槽中灌满胶液，以增加粘接牢度，再贴上纱布、卡纸，即成为无线胶订书芯。

切槽式胶粘装订法和孔式胶粘装订法一样，都是在折页机上进行，但切槽式切出的孔大。经切槽的书帖配成书芯后，可以直接涂刷胶液，对胶液没有特殊要求。这种方法不但能使胶液涂到书帖页子的订口上，而且还能涂到订口的侧边，书帖通过切槽间的阶梯彼此粘在一起，使胶订的书帖具有较强的牢固性。

单页胶粘装订法是将全书以单张书页或以一折书帖为单位、沿订口撞齐后，再将各页的订口均匀地错开约 1.5～2 毫米，放在台子上，均匀地刷上胶液，然后沿订口撞齐并加压，使页与页之间相互连接成为书芯。用这种方法粘接的书芯非常牢固，为此，有些精美画册、地图册的书芯常用这种胶粘方法加工。

无线胶订具有翻阅方便、装订质量好等优点，用无线胶订加工的书芯既能用于平装，也能用于精装，是一种广泛采用的订书方法。并且无线胶订从配页到出书整个工艺过程，可以在一台机器上连续自动完成。显然，无线胶订可以大大简化书刊装订的工艺流程，减少重复劳动，提高生产效率。

印刷品的质量检查

前面一直从多角度、多方面介绍印刷品的印刷过程，那么当印刷品印刷完毕，它又如何面对读者的审视呢？印刷品的质量是如何检查的呢？

印刷品其实是一种视觉产品，所以在对印刷品质量进行评价的时候，第一点就是印刷品的美学效果，其中包括颜色、图案、字体的设计，还包括版面编排、图文格式的安排，甚至还有对纸张和油墨的选择。对前面的要求还好理解，为什么与油墨和纸张还有关系呢？

印刷品美学效果的控制除了设计时的字体选择、色彩设计、美术图案外，还要符合排版、色彩组合、图像合成等方面的规律，同时还会受到承印材料、油墨和印刷工艺等方面的制约。

在凭借眼睛观察过印刷品，判断了印刷品的美学效果之后，第二点便是从印刷品的技术因素对印刷品的质量进行检查。技术因素是指印刷生产工序中对印刷品质量产生影响的因素。印刷品质量的技术特性包括图像清晰度、色彩与阶调再现程度、光泽度和质感等各个方面。

印刷品阶调再现程度，是指印刷品明暗变化与原稿明暗变化之间的相似程度。印刷品阶调体现着印刷品的明暗变化和图像的层次丰富程度，其中实地密度就是一项重要指标。实地密度，是指印张上网点面积率为 100％

时的密度，可以通过密度计来测量。

色彩再现性是指原稿经过复制后的色彩还原程度，可以用色密度、色相误差、灰度、叠印率、相对反差来表示。色密度即颜色密度，用色密度计可测出各颜色的密度。色相误差是指印刷品颜色与理想三原色油墨比较的偏色情况。灰度是反映三原色油墨色彩纯度的参数。叠印率是指油墨的受墨能力，即印张上前一色油墨所能接受的后一色油墨的多少。相对反差是控制图像阶调、衡量实地密度是否印足墨量以及判断网点扩大程度的重要参数，可以通过测量或计算而得到。

最后，在检查印刷品质量时，要考虑一致性因素。在印刷过程中，随着印刷数量的增加和印刷时间的相应延长，在各种可变因素的作用下，各印张之间必然出现相对的变化。所谓一致性，就是印刷品前后之间要保持相对的稳定性，包括视觉的分辨、密度的变化、色差的控制。

三、印刷设备与材料

大有前途的数字印刷系统

随着时代的进步和科技的发展，数字化浪潮已经来到了我们身边，对印刷业而言，数码印刷是不可逆转的技术大潮。

数字印刷过程是从计算机成像到纸张的过程，即直接把数字文件或页面转换成印刷品的过程。

数字印刷是一个完全数字化的生产系统，数字流程贯穿了整个生产过程，从信息的输入一直到印刷，甚至装订输出。数字印刷系统犹如一台“联合收割机”，从系统控制的角度来看，它是一个无缝的全数字系统，是建立在“数字流程＋数字媒体/高密存储＋网络传输”基础上的一种崭新的生产方式。

目前数字印刷有许多种类，主要有：① 电子文档直接在纸张上生成影像，如：喷墨、喷粉、热转移；② 计算机直接到影像承载物（印版、滚筒），如：静电制版、直接机上制版等。

依印刷模式则可归纳为喷墨、热转移、静电（电磁）、数字平版等4种。喷墨式印刷系统主要使用水性或油性墨液，经由计算机控制喷嘴内的墨量、扩散等特性，达到影像重现的效果，可以实现低成本、快速、稳定的高画质印刷。热转移印刷系统主要有热蜡式和热升华式两种，其打印方式是用计算机控制发热打印头，将图像或文字经过蜡质色带或热升华打印色料转移到承印物上。静电（电磁）式印刷系统主要是使带电荷的粉状或电解印墨吸附于纸张或塑料等承印物上，经加热使印墨融化并黏附于承印物上而形成影像。数字平版印刷机使用由计算机输出的数字数据直接在印刷机上制版，再以平版印刷原理来完成印刷。

计算机直接制版式数字印刷的工作原理是：操作者将原稿输入到计算机，在计算机上进行创意、修改、编排成客户满意的数字化信息，经 RIP 处理成为相应的数字信号传至激光控制器，发射出相应的激光束，对印刷滚筒进行扫描。由感光材料制成的印刷滚筒（无印版）经感光后形成可以吸附油墨或墨粉的图文，然后转印到纸张等承印物上。

数字化印刷系统将印前处理、印刷制作和印后加工等整个工艺流程优化、数字化和一体化，提供从创意设计、印前处理、印刷、印后加工后直接发送到用户的全套高效优质服务，必将成为未来主流印刷方式之一。

单张纸印刷机与卷筒纸印刷机

用于印刷的纸张种类很多，依据纸张的尺寸规格划分，有平板纸（单张纸）和卷筒纸两大类。对应的印刷机分别是：单张纸印刷机和卷筒纸印刷机。

单张纸印刷机将一定的幅面（全张、对开、四开等规格）的纸张整齐堆放，依次送入印刷机，逐张印刷。

卷筒纸印刷机将一卷纸（长 6 000 米，卷成圆柱体）的纸张一头输入印刷机，随放卷随印刷，连续作业。

单张纸印刷机一般由给纸机构、供墨机构、润湿机构、压印机构、收纸机构五大部分组成。

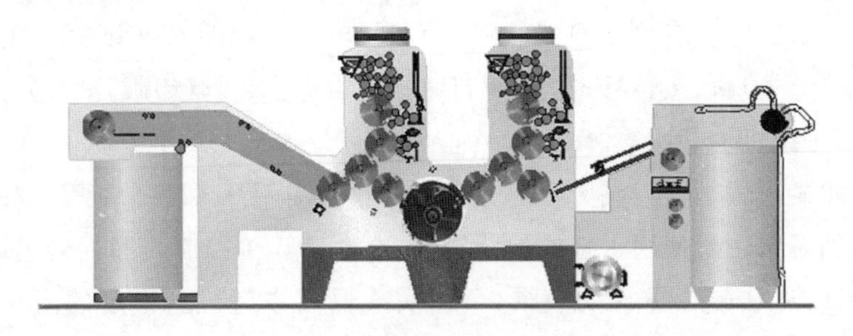

单张纸印刷机结构图

卷筒纸印刷机与单张纸印刷机结构基本相似，其输纸机构为适应所用卷筒纸而有所不同，收纸机构往往与印刷品的折页、配页、分切设备联动，可以直接输出成品。

现代单张纸胶印机可以增加在机直接制版装置、墨色预置和闭环检测反馈控制、套准检测反馈控制、纸张尺寸自动预置、流线型造型设计等功能装置，使印刷的辅助时间明显减少，机器的可操作性明显提高，对环境和操作人员的能力要求大幅度降低。总之，单张纸胶印机变得更加功能化、人性化了。

卷筒纸胶印机可在纸张的两面同时进行印刷。卷筒纸胶印机的印刷速度通常要比单张纸胶印机快 3～4 倍，且印刷折叠一次完成，生产效率高。但是由于其机械结构的原因，这种印刷设备特别适合印刷规模相对固定、印刷量较大(中、长版活)且生产周期短的印刷品的印刷。卷筒纸胶印机主要用于印刷杂志、目录、报纸、书刊或其他类似产品。

印刷机未来的发展趋势是速度进一步提高，印件开印前的预调时间大大缩短，自动化程度大大提高，机械结构及机械系统精度提高等。

不同压印形式的印刷机

印刷机按其印刷过程中施加压力的形式可概括为三种，即：平压平型印刷机、圆压平型印刷机、圆压圆形印刷机。

(1) 平压平型印刷机：平压平型印刷机是压印机构和装版机构均呈平面形的印刷机。印刷时，印版与压印机构同时全面接触。如图所示，压印时印版承受的总压力很大，压印时间相对来说也较长，产品墨色鲜艳，图像饱满，但需要很强的压力，所以这种压印机构不适用于大型印刷机。

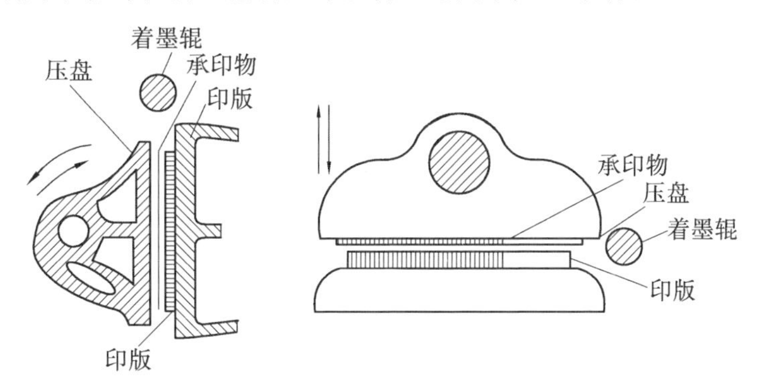

平压平型印刷机结构示意图

(2) 圆压平型印刷机：圆压平型印刷机是压印机构呈圆筒形、装版机构呈平面形的印刷机。压印时，版台在压印机构下移动，压印机构在固定位置上带动承印物旋转实现印刷。如图所示，印刷时，压印滚筒与印版平面不是面接触，而是线带接触，所以总的印刷压力较小，印刷幅面能做到较大，但由于版台往复运动，印刷速度仍受到限制。这类印刷机应用较少。

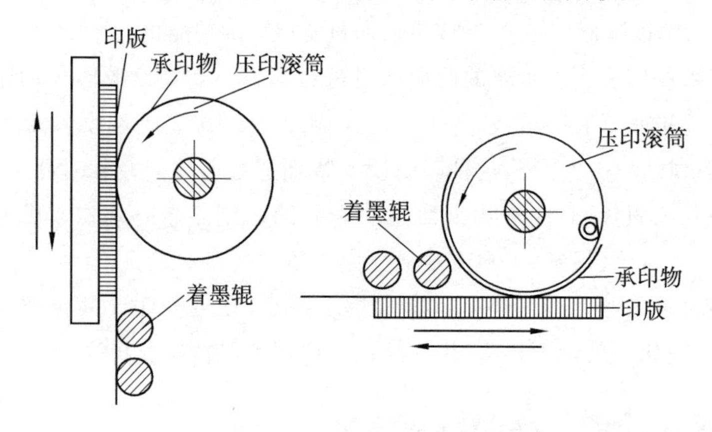

圆压平型印刷机结构示意图

(3) 圆压圆形印刷机：压印机构和装版机构均呈圆筒形的印刷机是圆压圆形印刷机。压印机构的滚筒叫压印滚筒，装版机构的滚筒叫印版滚筒，印刷时压印滚筒和印版滚筒不断做圆周运动，压印滚筒带着承印物与印版滚筒接触，互相以相反方向转动，印出印刷品。如图所示，这种印刷机是利用两个滚筒的线接触进行压印，不仅结构简单，运动也比较平稳，避免了往复运动产生的惯性冲击，可以提高印刷速度，而且印刷装置还可以设计成机组型，进行双面或多色印刷，是一种高效印刷机。这类印刷机应用最为广泛。

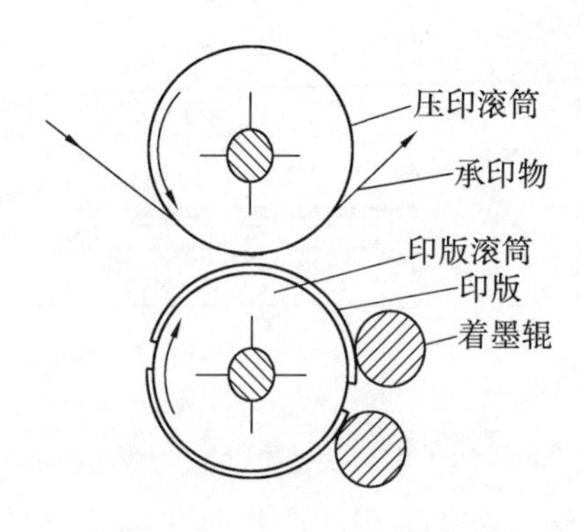

圆压圆形印刷机结构示意图

凹版印刷机

使用凹版——印版着墨部分呈明显的凹陷状——进行印刷的设备叫作凹版印刷机。

凹版印刷机一般由输纸部分、供墨部分、印刷部分、干燥部分、收纸部分组成。印刷时需先把油墨滚涂在版面上，或者直接将印版浸入油墨中，则油墨自然落入凹陷的印纹部分，随后将表面黏附的油墨擦、刮干净（当然凹陷印纹处油墨是不会被去掉的），放上纸张后使用较大的压力把凹陷印纹处油墨压印在纸上。

因此，凹版印刷机的供墨机构由输墨装置和刮墨装置两部分组成。其刮墨装置由刀架、刮墨刀片和压板组成。刮墨刀片的厚度、刀刃的角度以及刮墨刀与印版滚筒之间的角度和压力可以调节。

凹版印刷机构由印版滚筒和压印滚筒组成。凹版印刷需要较大的压力，压印滚筒表面包有橡皮布，用以调节压力。

凹版印刷品墨层较厚，干燥速度较慢，一般要增加专门的干燥装置，可以采用红外线干燥、空气干燥、紫外线干燥等。其油墨的干燥速度应与印刷速度匹配。

根据印刷品的用途，凹版印刷机还常常配备一些辅助设备，以提高印刷和印后加工能力。

柔性版印刷机

柔版印刷具有独特的灵活性、经济性，并对保护环境有利，已被证实是一种最优秀、最有前途的印刷方式。

柔版印刷一般使用卷筒纸，机组式柔印机一般由以下部件组成：开卷装置、纠偏装置、张力及套准控制装置、印刷单元、干燥系统、模切单元、排废装置、覆膜及上光单元、成品收集装置等。

为保证承印材料在进入印刷单元前横向位置稳定，机组式柔印机常常采用自动纠偏装置，它可以检测出承印材料某一边缘横向位置的偏差，并及时加以修正，其精度可达±0.5毫米。

柔印机开卷轴采用气动式刹车装置来形成开卷张力，刹车力的大小随纸卷直径的变化而变化，从而得到一个稳定的开卷张力。开卷装置一般还配有一个接纸台，必要时还可在开卷装置后安装一套除粉尘、静电的装置，以保证进入印刷单元的承印材料的表面质量。

印刷机组的输墨系统主要有以下三种形式：提墨辊/网纹辊、提墨辊/网纹辊/刮墨刀或网纹辊/刮墨刀。

柔印机采用短墨路的金属网纹辊供墨系统，网纹辊是柔印机的传墨辊，其表面有凹下的墨穴或网状槽线，用于印刷时控制油墨的传送量。采用网纹辊不仅简化了输墨系统的结构，而且可以控制墨层厚度，为提高印品质量提供了重要保证。

由于柔性版材质的柔软，可压缩，所以印刷单元上印版与网纹辊之间以及印版与承印材料表面之间的压力都需要能够非常精细地调节。调节旋钮通常采用极细的螺纹，而且要求四个方向的调节彼此相互独立。经过精细调节，所达到的最佳状态应在印刷过程中始终保持下去。

机组式柔印机在每个机组后面都装有一个烘干器，采用红外电阻丝加热空气，并用鼓风机将热空气高速吹向印刷后的承印材料，形成冲击式的气流，以达到最佳的干燥效果。

丝网印刷机

“凡有承印能力的物品，都可以进行丝网印刷。”这句话说明丝网印刷的承印范围是空前的，是任何一种传统印刷方式所不能比拟的，因此它有着极强的竞争力、生命力和发展空间，尤其是随着科技的进步、高科技的导入和市场的不断开放，丝网印刷的发展前景更是一片光明。

大型丝网印刷机幅面最大一般在 4 米左右，其传动方式有人工覆墨印刷和自动覆墨印刷机之分，有人工出料和自动出料之分，有不锈钢吸气台板和其他材质吸气台板，甚至玻璃台板和橡胶台板之分。

现代丝网印刷机具有快速制版、修版、描晒图纸、单色加网、拷贝图文、复制照片、灯光定位、多色彩印、微电脑控制、轻触键盘操作、自动显示、声音报警等多种功能，并有上下、左右、前后以及角度全方位微调定位装置，从根本上保证了印刷和套色的精度。

目前，网版印刷机已进入精密印刷的领域，其结构正向高精度、自动化方向发展。例如有的自动网印机采用图案识别方式,可自动控制印版的位置,刮板行程、刮板速度、印刷压力、版框高度等全部采用数字控制,可进行高精度印刷。

数字印刷机

目前数字印刷分为两大阵营:在机成像印刷和可变数据印刷。在机成像印刷是指将制版的过程直接拿到印刷机上完成,省略了中间的拼版、出片、晒版、装版等步骤,从计算机到印刷机是一个直接的过程;可变数据印刷指在印刷机不停机的情况下,连续地印刷需要改变印品的图文(也就是所谓的数据),即在印刷过程不间断的前提下,连续地印刷出不同的印品图文。

数字印刷机种类很多,依据其印刷原理可分为以下几种:

(1) 电子照相:又称静电成像技术,利用激光扫描的方法在光导体上形成静电潜影,再利用带电色粉与静电潜影之间的电荷作用力实现色粉影像,再将色粉影像转移到承印物上完成印刷,是应用最广泛的数字印刷技术。

(2) 喷墨印刷:将油墨以一定的速度从微细的喷嘴射到承印物上,然后通过油墨与承印物的相互作用实现油墨影像再现。按照喷墨方式我们把它分为:按需(脉冲)喷墨和连续喷墨两种类型。

喷墨印刷以其简单的构造、较低的价格、色彩艳丽的优势博得了不少家庭用户与商业用户的青睐!但它较高的单张成本、耗材价格、适应差的介质兼容性(须用专用纸,无法双面打印)和不能与印刷色并轨的缺陷,注定了其无法在真正的数字短版印刷领域有所作为。

(3) 电凝成像技术:其基本原理是通过电极之间的电化学反应导致油墨发生凝聚,使油墨固着在成像滚筒表面形成图像区域,没有发生电化学反应的空白区域的油墨仍然是液体状态,通过一个刮板将空白区域的油墨刮去,使滚筒表面只剩下图文区固着油墨,再通过压力作用转移到承印物上,完成整个印刷过程。

此外应用比较多的还有:磁记录数字印刷机、静电成像数字印刷机、电凝聚数字印刷机等。

印刷机控制系统

印刷机是一个精度较高的机械，印刷品的好坏一方面取决于机械加工以及安装精度，另一方面取决于水路、墨路的平衡以及合压的准确性。确保这些方面达到我们要求的唯一方法是对整台印刷机进行精密控制。

为了印刷机的校版、调节压力、离合压、控制水墨、检测等许多动作的自动、精确完成，已经开发出很多印刷机控制系统。

CIP3 油墨控制软件可直接读取 RIP 后的图文数据，根据印版大小及墨键数量分析得出机台墨量控制信息，用于印刷机的墨键预置，确保了更高的精确度，大大提高了印刷机墨区分配的合理性和准确性。

CIP4 数据可对印版进行扫描，确定图案面积比率，实现了"彩色套准一步到位"和"彩色匹配一步到位"，对于卷筒印刷机还可以进行折页校准，可以显著缩短作业转换时间，减少纸张浪费，充分发挥印刷机固有的潜力，提高生产效率。

海德堡印刷机的控制系统比较成熟，一般包括：机组选择印版、周向横向套准、墨量局部调节、整体调节、信息存储、机器工作状态显示、预调节等功能模块。

海德堡 CP2000 控制台为印刷控制开辟了一个新天地。其设计现代化，使用简易，实现了人机的完美结合，印刷机的运行完全可以通过触摸屏彩色显示器进行控制。

随着印刷机自动化程度的提高，印刷机的控制系统必将更加精确完美。

DTP 桌面出版系统

彩色桌面出版系统又名 DTP，是 Desk Top Publishing 的缩写，因其小巧可放置在桌面上而得名。

彩色桌面出版系统是 20 世纪 90 年代推出的新型印前处理设备，由桌面分色和桌面电子出版两部分组成。它的问世，从根本上解决了电子分色机处理文字功能弱，不能很好地制作图文合一的阴图底片的缺陷。

彩色桌面出版系统从总体结构上分为输入、加工处理和输出等三大部分。

（1）DTP 的输入设备：输入设备的基本功能是对原稿进行扫描、分色并输入系统。除文字输入与计算机排版系统相同之外，图像的输入可以采用多种设备，如：扫描仪、数码相机、电子分色机、摄像机、绘图仪以及卫星地面接收站等，使用较多的是扫描仪。

扫描仪有平台式和滚筒式两种，用于彩色桌面出版系统的扫描仪应具有适合印刷要求的输入分辨率、色彩位数和扫描密度范围。

（2）DTP 的输出设备：输出设备是彩色桌面出版系统生成最终产品的设备，主要由高精度的激光照排机（也叫图文记录仪）和 RIP（光栅图像处理器）两部分组成。激光照排机利用激光将光束聚集成光点，打到感光材料上使其感光，经显影后成为黑白底片。

RIP 接受 Post Script 语言的版面，将其转换成光栅图像，再从照排机输出。RIP 可以由硬件来实现，也可以由软件来实现。硬件 RIP 由一个高性能计算机加上专用芯片组成，软件 RIP 由一台高性能通用微机加上相应的软件组成。为了达到印刷对图像处理的要求，必须考虑激光照排机和 RIP 的输出分辨率、输出重复精度、输出加网结构、输出速度等性能指标。此外，输出设备还应具有标准接口和汉字输出的能力，输出的幅面能达到印刷的要求等。

彩色桌面出版系统的输出设备还有各种彩色打印机，如：激光打印机、喷墨打印机、热升华打印机以及各种多媒体载体（幻灯片制作机、光盘刻录机、录像机等）。

（3）DTP 的加工单元：桌面系统处理单元由高性能计算机及各种文字、图形、图像处理软件组成。彩色桌面出版系统获取高质量的图文底片时，激光照排机接口必须解决两个关键性问题。

第一，速度问题。由于激光照排机处于工作状态时无法做到暂停的控制，所以接口及接口工作站必须足够快。

第二，图文合一输出底片的方式。如果利用激光照排机的网点发生器生成网点，只需加一个高分辨率的接口，即可共同完成图文合一的输出。倘若不使用激光照排机的网点发生器生成网点，则需另加一个 RIP 处理网点和文字，桌面系统通过 RIP 使用激光照排机。

彩色桌面出版系统形成了以通用计算机为核心的制版系统，不仅发挥了高性能计算机图像处理质量好的优点，而且融合了桌面系统可以图文同时处理、版面组合灵活快捷、人工创意新颖、整页数据可重复存取的特长，同时利用高端网联，为有电子分色机的厂家提高彩色制版的能力和效率，开辟了一条极好的途径。

扫描仪可以将图像化作一盘沙子

扫描仪是除键盘和鼠标之外被广泛应用于计算机的输入设备。你可以利用扫描仪输入照片建立自己的电子影集；输入各种图片建立自己的网站；扫描手写信函再用 E-mail 发送出去以代替传真机；还可以利用扫描仪配合 OCR 软件输入报纸或书籍的内容，免除键盘输入汉字的辛苦。在现代印刷行业中，扫描仪作为彩色桌面出版系统的输入部分已经必不可少。那么扫描仪究竟是如何工作的呢？

简单来说，若要将平面图像输入计算机中，必须将其变为数字信号，而扫描仪恰好能够完成这个任务。

开始扫描时，机内光源发出均匀光线照亮玻璃面板上的原稿，反射光经过玻璃板和一组镜头，分成红、绿、蓝 3 种颜色汇聚在 CCD 感光元件上，被 CCD 接受，其中空白的地方比有色彩的地方能反射更多的光。扫描头在原稿下面移动，读取原稿信息。扫描仪的光源为长条形，照射到原稿上的光线经反射后穿过一个很窄的缝隙，形成沿 X 方向的光带，经过一组反光镜，由光学透镜聚焦并进入分光镜。经过棱镜和红、绿、蓝三色滤色镜得到的红、绿、蓝三条彩色光带分别照到各自的 CCD 上，CCD 将红、绿、蓝光带转变为模拟电子信号，此信号又被 A/D 转换器转变为数字电子信号从而使反映原稿图像的光信号转变为计算机能够接受的二进制数字电子信号，最后通过 USB 等接口送至计算机。

在扫描仪获取图像的过程中，有两个元件起到关键作用。一个是 CCD，它将光信号转换成为电信号；另一个是 A/D 变换器，它将模拟电信号转变为数字电信号。那么什么是 CCD 和 A/D 变换器呢？

CCD 是 Charge Couple Device 的缩写，称为电荷耦合器件，它是利用微电子技术制成的光电器件，可以实现光电转换功能。CCD 芯片上有许多光敏单元，可以将不同的光线转换成不同的电荷，从而形成对应原稿光图像的电荷图像。如果我们想增加图像的分辨率，就必须增加 CCD 上的光敏单元数量。

A/D 变换器是将模拟量(Analog)转变为数字量(Digital)的半导体元件。A/D 变换器的工作方式是将模拟量数字化，例如将0～1 V的线性电压变化表示为 0～9 的 10 个等级的方法是：0～0.1 V的所有电压都变换为数字 0，0.1～0.2 V 的所有电压都变换为数字 1…，0.9～1.0 V 的所有电压都变换为数字 9。实际上，A/D 变换器能够表示的范围远远大于 10，通常是 $2^8=256$、$2^{10}=1\ 024$或者 $2^{12}=4\ 096$。

如果扫描仪说明书上标明的灰度等级是 10 bit，则说明这个扫描仪能够将图像分成 1 024 个灰度等级，如果标明色彩深度为30 bit，则说明红、绿、蓝各个通道都有 1 024 个等级。显然，该等级数越高，表现的彩色越丰富。

CTP 诀别胶片，让信息直奔印版

CTP 是 90 年代中后期新兴的一项直接制版技术。随着技术的发展，CTP 有了不同的含义：

Computer to Platc，计算机直接制版技术；

Computer to Proof，计算机直接打样技术；

Computer to Paper，计算机直接印刷技术；

Computer to Publish，计算机直接出版技术。

我们通常讲的 CTP 技术是指计算机直接制版技术。那么 CTP 技术(计算机直接制版技术)有什么优点呢？

CTP 能够将图文信息从计算机直接复制到印版上，是一种数字化印版成像过程。普通的胶印(平版印刷)工艺印刷一张完整的印刷品通常需要先用计算机对图文进行处理，之后利用照排机曝光胶片，再利用胶片进行制版，最后得到印版。胶印中印版是承接油墨的载体，油墨从墨斗里转移到印版上，再转移到橡皮布上，最后转移到纸张上，由此完成印刷过程。CTP 技术就不再需要中间环节的胶片，可以直接得到印版。这个转变和普通相机到一次成像相机的转变很相似，普通相机只能通过胶卷曝光得到底片再得到相片，一次成像相机就不需要胶卷可直接得到照片。CTP 技术是采用数字化工作流程，直接将文字、图像转变为数字，直接生成印版，省去了胶片这一材料以及人工拼版、半自动或全自动晒版等工序。CTP技术是科技发展的产物。

印版在印刷过程中具有十分重要的地位。在以前的印刷工艺中，如果想得到印版，一定要先制得胶片，而在CTP技术中就可以直接得到印版。CTP系统可以使整个出版过程节约30～50分钟的时间，对于报刊等行业还是很有吸引力的。

CTP可处理多种印刷方式，包括商业表格、说明书、通讯录、文件、财务、报纸、标签和包装。除此之外，CTP还适合印刷单张纸和宣传册，尤其适合前端的编辑、创作部分和后端的制作部分紧密结合的封闭式工作流程。因此，CTP系统对于完全使用数字格式数据的印刷厂来说尤为适用，如表格印刷、财经印刷、包装印刷及一般的商业印刷。对于报纸出版来说，采用全数字化编辑工序或纯分类广告的报章都可用到CTP。

折页机

印刷好的大幅面书页，按照页码顺序和开本的大小，折叠成书帖的过程，叫作折页。将大张页(即全张)按号码及版面的顺序，折成几折后成为多张页的一沓称为书帖。凡是书刊的装订都要首先加工成书帖后才能进行下道工序的加工。折页一般有两种方法，手工折页和机器折页。

机器折页是把待折的印张，按照页码顺序和规定的幅面，用机器折叠成书帖，能将印张折成书帖的机械就是折页机。

那么折页机由哪些部分组成，又是如何折页的呢？

折页机一般由给纸、折页和收帖三个部分组成。给纸部分的主要任务是分离和输送纸张，确保将印张输送到折页部分。折页部分要将给纸部分送来的印张按开本的幅面，依页码顺序折叠成书帖。而收帖部分是将折成的书帖有规律地进行输出。

折页机进行折页时先要进行折页准备。折页机构是折页机上最主要的部分，它的装配精度和调整精度直接影响折页的质量。因此在折页机开启之前，需要对折页机各部分进行检查和调节，需检查印张的摆放、侧规和挡规的定位等环节，确保折页能按照要求顺利进行。

折页时由于印张幅面与书刊开本尺寸的不同，特别是印刷用纸的厚度不同，对折页的次数（书帖中的页数）要求也不一样，（如图所示）一般为二折页、三折页，最多为四折页。

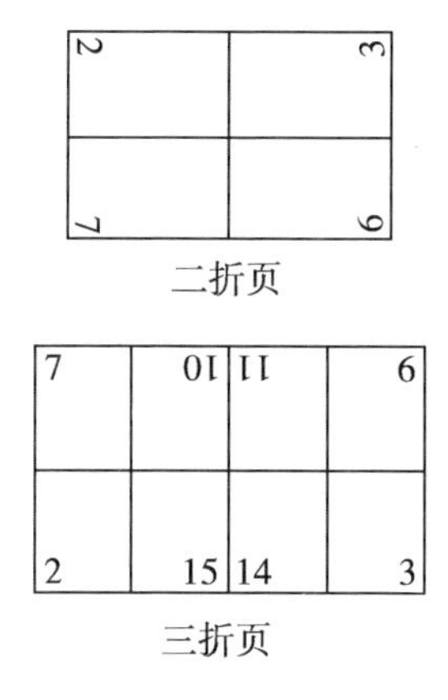

二折页

三折页

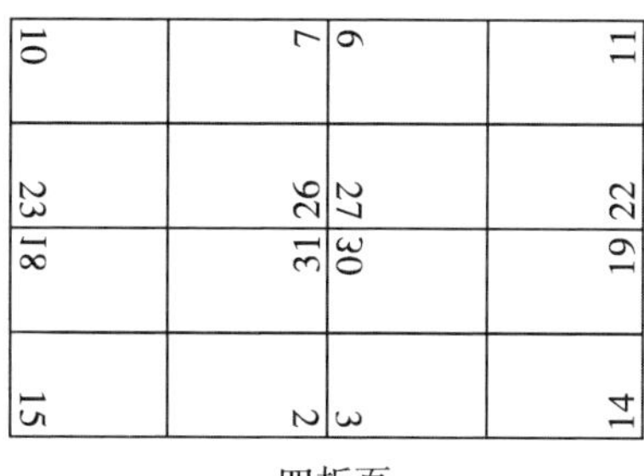

四折页

订书机

把配好的散帖书册或散页，应用各种方法订连，使之成为一本完整书芯的加工过程称为订书。现代订书的方式有很多种，如三眼订、缝纫订、铁丝订、骑马订、锁线订、无线胶订和塑料线烫订、胶粘装订等，所以对应的订书机种类也就多种多样。

这里介绍一种经常使用的订书方法——铁丝订。铁丝订书是一种应用最广、成本最低的装订方法，常见的订书形式有两种，一种是骑马订，一种是铁丝平订。

骑马订因订书时书帖跨骑在订书架上而得名，是现代书刊常用的装订形式之一。骑马订的书帖采用套帖配页，配帖时，将折好的书帖从中间分开，搭在订书机工作台的三角形支架上，依次加叠，最后将封面套在最上面。订书时，用铁丝从书刊的书脊折缝外面穿进里面来订书，再通过三面裁切完成对书刊的加工。

常用的骑马订书机有两种，一种是半自动骑马订书机，另一种是全自动骑马订书联动机。全自动骑马订书联动机是一种多工序的联动化装订机械，用于装订各种画报、杂志、期刊等，用途广泛，生产效率高，但在使用过程中封面易从铁丝订连处脱落，不易保存，并且骑马订采用套帖法，产品的厚度受到限制。所以，骑马订装订方法常用于装订保存时间比较短、厚度比较薄的杂志、期刊和小册子之类的书籍。

铁丝平订一般用于装订较厚的书刊、杂志，它对装订的书帖有较宽的选择性。

铁丝平订是将用配帖法配好的书帖，在订口处(一般离书脊5毫米处)用订书机将铁丝穿过书芯，在背面弯折，把书芯订牢的订书方法。铁丝平订使用铁丝订书机订书，有单头铁丝订书机和双头铁丝订书机等。单头铁丝订书机指的是机头完成一个往复运动订一个锔钉；双头铁丝订书机指的是有两个机头，每次完成两个锔钉。

总而言之，铁丝订的生产效率高，价格便宜，但铁丝受潮易生锈，一方面影响书的牢固程度，另一方面也可能会污染书面。

锁线机

锁线订是一种历史悠久、质量较高的传统订书方法，用线沿各书帖折缝处订缝，不占订口，装订成册的书籍容易摊平，阅读时翻阅方便，可以装订各种厚度的书籍。锁线订加工的书芯牢固度高，使用寿命长，许多大部头的书都是用锁线订来装订的。

那么什么是锁线订，锁线机又是如何工作的呢?

将已经配好的书芯，按顺序用线一帖一帖地沿折缝串联起来，并互相锁紧，这种装订方法称为锁线订。按照一定的锁线方式，用纱线逐帖订缝，将书帖串联并锁紧成册的机器称为锁线机。

锁线机锁线的工作过程是：搭页、输页、定位、锁线、出书。机体的主要部件是搭页机和锁线机。目前，我国印刷厂使用的锁线机类型很多，按照它们的自动化程度和搭页方法分为原始型、半自动型和全自动型三种。

我国最早的原始型锁线机，其搭页方式是用手工将书帖搭在订书架上，劳动强度大，生产效率低且不安全。

随后出现的半自动锁线机是在订书架的右边增加了一条输帖链，操作时人工将书帖搭在输帖链上，书帖被自动送到订书架上，操作较为方便。半自动锁线机经过改装可以与搭页机配套使用，改半自动为全自动。

自动锁线机搭页、锁线、计数、割线等均能自动完成，当发生一般的漏帖、断线、错帖等常见故障时，不仅能自动停机，而且还能指示出停机的原因及部位。

锁线订是一种牢固度高、使用寿命较长的一种订书方法。采用锁线方法装订的书芯可以制成平装书册，也可以制成精装书册。目前，质量要求高和耐用的书籍多采用锁线订。

但是锁线订也存在着缺点，比如锁线机一般是单机操作，书芯中书帖的数量越多，锁线劳动强度就越大，与其他装订设备的生产效率不易平衡，难以实现装订联动化。锁线订由于每个书帖的订缝处都有两根线，所以书芯的书脊处增厚，并且还要大量消耗价格昂贵的订缝用线。

精装书联动生产线

精装装帧工艺复杂，是现代书籍的主要装帧形式之一，是书刊装订加工中比较精致的装帧方法。精装工艺是指折页、配页、订书、切书以后对书芯及书籍的外形进行精加工的工艺，主要有书芯加工、书壳制作和上书壳三大工艺过程。如果所有的工艺由手工完成的话，将会是一个非常复杂、耗时和烦琐的过程。在机械化生产的今天，我们用什么方法来完成烦琐的书刊精装工作呢？

精装书联动生产线是一条利用机械动作，将经过锁线或无线胶订后需要加工的半成品书芯连续进行流水作业，加工成为精装书籍的生产线。目前，我国使用较多的精装书籍生产线既有国产的精装书籍生产线，又有国外进口的精装书自动生产线。

国产精装书联动生产线是在吸收国内外经验的基础上研制成功的装订精装书籍的自动生产线。它是由供书芯机、书芯压平机、刷胶烘干机、书芯压紧机、自动书芯堆积机、三面切书机、扒圆起脊机、输送翻转机、书芯贴背机、上书壳机、压槽成型机等组成。

精装书联动生产线使用灵活、方便，能实现全线联动、分段联动或单机使用。全线联动时能控制书本有节奏地传送，当某一单机发生故障时能发出信号，使该机前面工序的所有单机自动停车，而后面各工序的单机仍继续工作，排除故障后再恢复全线联动。精装书联动生产线装订精装书籍的幅面从 64 开到 16 开，装订速度每小时在 18～36 本之间，大大提高了生产效率。

用于印刷制版的感光胶片

在印刷行业，就传统的印刷方式来说，完成一件印刷品大致需要经过原稿→出片→制版→打样→印刷→印后加工→成品的工艺过程。其中的出片工艺实际上就是将原稿的图文信息借助一些现代化设备（如照相机、扫描仪、电子分色机、彩色桌面出版系统、激光照排机等）制成满足印刷要求的胶片的过程。

传统印刷工艺中，出片程序必不可少，胶片在印刷中起着承上启下的作用，是印刷中不可缺少的一个环节。

那么胶片是什么样的呢？我们日常使用的各类印刷胶片，看上去就像照相底片一样，但其性能与照相底片还是有一定区别的。

我们日常接触的胶片其主要组成成分是片基，所有的涂层都涂布于透明的片基之上。其中，最重要的是感光乳剂层，感光反应主要在这一层进行。感光乳剂层内含有卤化银及增感剂，卤化银是曝光后生成影像的主要化学成分，增感剂的主要作用是促进光反应的完全化。另一个比较重要的涂层是防光晕层，这一层主要是防止曝光光线在片基层产生反射，导致感光乳剂层内卤化银的二次曝光，这对保证曝光质量是非常重要的。

其他涂层还有很多，防划伤层主要是防止胶片的表面被硬物划伤，但其抗划伤的能力一般是有限的，仅仅是防止细小的粉尘对胶片表面的划伤。防氧化层是防止胶片生产后在存储期间发生化学反应。有时在胶片的最外层还有可能加上磨砂层，一般用于凹印制版。所有这些涂层都是在胶片生产时被一层一层涂布于片基上的。当然，这些涂层非常薄，以至于涂了六七层后我们看到的胶片感觉仍是片基。

胶片为什么会感光呢？这是因为胶片上涂有感光乳剂，乳剂中分布着感光物质——卤化银。卤化银又称银盐，是卤族元素（氯、碘、溴）分别与银结合产生的化合物。银与氯结合成为氯化银，与碘结合成为碘化银，与溴结合成为溴化银，其中以溴化银的感光能力最强，而氯化银的感光能力最弱。当卤化银见光时则发生分解，因此感光胶片见光后就会曝光，经过显影、定影后生成银影像。

平印常用版材——PS版

PS版是1950年由美国3M公司(Minisota Mining &Manufacturing Company)为适应平版印刷的迅速发展而研制开发的平印版材。PS版是预先在铝板上涂布了感光层后销售给印刷厂使用的印版,是用重氮或叠氮等感光剂与树脂配制成感光胶,涂布在版基上,干燥后存放备用,所以叫预涂感光版。

PS版分为光聚合型和光分解型两种。光聚合型用阴图原版晒版,图文部分的重氮感光膜见光硬化,留在版上,非图文部分的重氮感光膜见不到光,不硬化,被显影液溶解除去。光分解型用阳图原版晒版,非图文部分的重氮化合物见光分解,被显影液溶解除去,留在版上的仍然是没有见光的重氮化合物。

平版印刷利用的是油水不相溶原理,PS版的亲油部分为重氮感光树脂并且高出版基平面约3微米,油墨很容易在上面铺展,而水却很难在上面存留。此外重氮感光树脂还有良好的耐磨性和耐酸性,若经220～240℃的温度烘烤5～8分钟,可以提高印版的硬度,印版的耐印率可达20万～30万张。PS版的亲水部分是三氧化二铝薄膜,高出版基平面约0.2～1微米,亲水性、耐磨性、化学稳定性都比较好,因而印版的耐印率也比较高。

另外,PS版印刷的分辨率高,形成的网点光洁完整,故色调再现性好,图像清晰度高。PS版的空白部分具有较强的亲水能力,印刷时印版的耗水量大,水、墨平衡容易控制。由于PS版本身具有分辨率高、网点再现饱满、层次丰富、水墨平衡易掌握、耐印力高等特点,在印刷行业得到了迅速普及。从目前来看,PS版依然是当前消耗量最大的、最重要的平印版材。

其他平印版材

平版印刷术是用图文与空白部分几乎处于同一个平面上的印版(平版)进行印刷的工艺技术,始于阿罗斯·塞纳菲尔德(Alois Senefelder,德国人,1771～1834)于1796年发明的石版印刷。从平版印刷发展的历史上来看,有以下一些版材曾经得到过广泛的使用。

(1) 石版:以石板为版材,将图文直接用脂肪性物质书写、描绘在石板上，或通过照相、转写纸、转写墨等方法，将图文间接转印于石版上进行印刷。其中，前者称为“绘石”，后者称为“落石”。绘石和落石是石版印刷术的两种制版方法。绘石制版工艺简单，只能用来印刷简单线条图文的印件，是石版印刷发明初期应用的工艺技术。落石制版工艺复杂，是在绘石制版基础上发展而来的，分彩色石印和照相石印两种，是发展了的石板印刷术。直到今天，石版印刷还被用于古画复制、年画印刷等方面，以求达到特殊效果。

（2）珂罗版：珂罗版是英文 collotype 的音译。珂罗版印刷属平版印刷范畴，是最早的照相平版印刷方法之一，因多用厚玻璃为版基，所以又叫“玻璃板印刷”。多用磨砂玻璃为版基，涂布明胶和重铬酸盐溶液制成感光膜，用阴图底片敷在胶膜上曝光，制成印版。珂罗版是 19 世纪德国人发明的，清光绪初年传入我国。珂罗版印刷全是人工操作，墨色极佳，靠不规则皱纹的疏密表现画面的深浅层次，印品无网点，浓淡层次清晰。并且珂罗版是专色压印，无颜色偏差，能充分表现书画艺术品层次丰富的墨韵彩趣，最适合印刷名人书画、碑帖、珍贵图片、文物典籍等精致的高级艺术品。

（3）蛋白版和平凹版：蛋白版是在锌板上涂布一层由重铬酸铵和蛋白胶配置而成的感光胶，烘干后和阴图底片一起放入晒版机内进行曝光制成的印版。平凹版又称阳图版，是指以锌或铝为版基，用阳图底片晒版，经显影和腐蚀后，图文略低于空白部分的平版印版。平凹版虽然在承印能力和印刷质量上和蛋白版相比有所改善，但现在也很难见到，基本已被 PS 版取而代之。

（4）多层金属版：多层金属版选用两种亲水性和亲油性相反的金属做印版，有双层金属版和三层金属版两种。根据图文凹下和凸起的形态，又分为平凹版和平凸版。目前使用最多的是二层平凹版和三层平凹版。铜皮上镀铬便制成了二层平凹版；铁皮上镀铜再镀铬或镍便制成了三层平凹版。多层金属版的网点还原能力不好，加上制版周期太长，工艺复杂，现在已经不再使用了。

凸版版材

凸版是指印版的图文部分凸起并处在同一平面或同一半径的圆弧上，而印版的空白部分凹下，两者之间的高度差明显，即图文部分明显高于空白部分的印版。使用凸版印刷时凸起的图文部分沾有印墨(凸版油墨),凹下的印纹部分则不沾印墨。凸版印刷在印刷史上是最古老的一种,早期书籍、报纸大多采用凸版印刷。凸版又有雕刻版、活字版、照相凸版、感光树脂版等。

雕刻版早在雕版印刷术发明时就开始使用。1966 年于韩国庆州佛国寺佛塔内发现一件雕版印刷品《无垢净光大陀罗尼经》,此印刷品中有几处使用了武则天所创制的字,经中外不少学者考证,此经为武周后期洛阳或长安的印刷品,具体刻印年代约为 702 年。雕刻版在现代工艺中也有使用,如印刷邮票、有价证券等。

活字版的发明是印刷史上又一伟大的里程碑,它既继承了雕版印刷的某些传统,又开创了新的印刷技术。活字版发明后,先后有泥活字、木活字及金属活字。活字版的特点是在印制过程中发现错误有随时改正的机会,而且墨色表现力强,大量印制或少量印刷均适宜,故多用以承印书籍、报章、杂志、卡片、文具之类。

照相凸版是照相术应用于印刷制版的产物,主要包括照相铜版和照相锌版,习惯上合称铜锌版,由法国人发明于 1855 年,19 世纪末传入中国。照相铜锌版发明初期为单色线条图照相凸版,图面无浓淡层次之分。1882 年,德国人发明照相网目版,将照相制版术向前推进了一大步,为照相制版术的进一步发展和应用开辟了广阔的前景。

目前常用的凸版有感光树脂版和柔性版,同时还使用部分铜锌版,这种印版主要用于书刊或包装装潢的烫金。

感光树脂版是利用感光树脂制成版材用于印刷的非银盐感光印版,通常分为固体感光树脂版和液体感光树脂版两类。固体感光树脂版使用方便,但印版的脆性较大,成本也较高,多用于小型印刷厂。液体感光树脂版以聚酯薄膜为支持体制成版材,多为不饱和聚酯系列,成本较固体版低,印刷质量也较好。

柔版印刷版材

柔版是指柔版印刷中使用的印版。在柔版印刷中,20 世纪 60 年代前主要使用橡皮凸版,采用雕刻橡胶或橡胶成型的方法获得印版。80 年代以来,主要使用具有橡胶高弹性、高分辨率的感光树脂版。

在近代柔版印刷技术领域中，最早的树脂版是20世纪50年代末推出的。但真正具有感光性能的柔性树脂版是在20世纪70年代中期才开始应用的。从此各种类型的柔性感光树脂版才迅速发展起来，在上海、河南、天津、北京等地相继开展了柔性版版材的研究及生产项目。

目前柔性感光树脂版材主要分为阴图软片制版用的板材和激光数字制版用的板材两大类。在两类版材中又各自分为硬板材和软版材两种。硬板材适用于瓦楞纸预印、饮料盒、折叠纸盒、薄膜以及商标、信封、软包装等载体的印刷。软版材适用于多层纸袋、瓦楞纸板直接印刷、牛皮纸、厚纸板等载体的印刷。

那么柔版版材在众多版材中有什么特别之处吗？在印刷工艺中，胶印、凹印、传统凸版所用的印版都是用金属或硬塑料制成的，而柔性版既柔软，又有良好的弹性，便使柔性版版材在印刷工艺中具有了独特之处。

首先，柔性版是柔软且具弹性的感光树脂材料，这在印刷工艺中是独有的。制版后成为凸版，印刷时在板面上上墨，可直接转印到承印物上。这样的转印是印刷工艺中最为直接和简单的方法，又极易被人们掌握和接受。

其次，由于柔性版是柔软的，在印刷过程中可以适应各种软、硬印刷载体。例如：瓦楞纸板表面虽有瓦楞痕迹，塑料薄膜轻盈飘柔，但都可以直接进行印刷，这是其他印刷方式所不及的。

再者，使用感光性树脂版后，其制版也变得方便价廉，尤其是在柔性版材可以采用CTP直接制版之后，同样可以获得高精细、高质量的印刷品，更能符合社会需要。

近些年来，柔版技术在瓦楞纸箱、扑克牌、纸巾、餐巾、牙膏及化妆品等印刷方面的迅猛发展，势必带动柔版的发展，柔性版版材随着印刷工艺的推广也一定会取得更大的突破。

感光体系CTP——直接制版版材

CTP技术是指计算机直接制版技术。CTP概念的提出源于1978年一位美国人的构想，但由于技术和版材的种种限制，20世纪90年代CTP才真正发展起来。

目前使用的CTP版材种类繁多，按制版成像原理分类主要有四种，即感光体系CTP版材、感热体系CTP版材、紫激光体系CTP版材和其他体系CTP版材。其中感光体系CTP版材包括银盐版(复合型和扩散型)和非银盐版(光聚合型和光分解型)。

(1) 银盐扩散转移版：银盐扩散转移版采用了扩散转移成像技术，感光度适应于多种激光，如氩离子蓝激光、钇铝石激光、红宝石激光等。制版过程中，空白部分见光，显影时见到光的部分被显影剂溶解，未见光的图文部分在该层上形成结合物，用温水冲洗空白部分的残留物后，再对图文部分进行亲油处理。

银盐扩散转移版和卤化银胶片相似，感光度好，曝光速度快，反差适中，光源是强度低、耗能少的激光。

(2) 银盐乳剂和高分子化合物复合型：复合型CTP版材由粗化的铝板、PS感光层、黏附层、银盐乳剂层组成。制版时，复合型CTP版材首先第一次曝光，形成银盐潜影，显影、冲洗后产生保护性蒙层，接着第二次曝光(UV光源)，使高分子层见光，然后用毛刷清洗蒙层，高分子层用溶液显影，再用水冲洗，上胶干燥后才可上机印刷。因此，复合型CTP版材的处理过程复杂，增加了化学污液。但复合型CTP版材优点也很明显，提高了潜像的稳定性，印刷适性良好，烤版后耐印率增加。

(3) 光聚合型：光聚合型CTP版材的印刷适性与传统的PS版极为接近。光聚合型CTP版材由粗化的铝板、高分子化合物层、PVA层组成。其中高分子化合物层包括感光剂、聚合单体、聚合引发剂、黏合剂。光聚合型CTP版材曝光时，感光剂吸收激光的能量，和引发剂一起产生聚合基团。显影前先把未见光部分的PVA层洗掉，再用碱性显影液溶解高感光度的高分子层，显影后用毛刷彻底清除PVA，最后用合成树脂溶液冲洗版面，合成树脂不仅可提高空白部分的亲水性，而且还增强了图文部分的亲油性，干燥后即可用于印刷。光聚合型CTP版材的印刷适性好，处理过程相对干净，烤版后耐印率较高。

感热体系CTP版材及其他CTP版材

感热体系CTP版材也就是热敏型CTP版材。热敏型CTP版材的种类很多，包括热熔解型、热蚀型、光蚀型、热交联型、热降解型等，目前主要分为需预热的阴图热敏版和无须预热的阳图热敏版。

(1) 需预热的阴图热敏版：阴图热敏版通过红外线的热量作用，达到一定温度后感光层中的部分高分子发生热交联反应，形成潜像后再加热，使图文部分的高分子化合物进一步发生交联反应，其目的在于使图文部分在碱性显影液中不被溶解。

阴图热敏版网点的大小和清晰度均不受曝光时间、曝光量的影响，因此不存在曝光不足和曝光过度之说，图文部分的性质很稳定，并且制版时可在明室工作，处理时只需常规的制版设备。

(2) 无须预热的阳图热敏版：阳图热敏版制版时可在日光下操作，不需使用安全灯，不存在曝光不足或曝光速度问题。曝光后不需预热，节省了设备投资，并有取代需预热的阴图热敏版的趋势。

感热型 CTP 版材是今后最具潜力的板材之一。它具有能源利用率高、节省贵金属、符合环保要求等优点。

那么 CTP 还有哪些其他常用的板材呢？

紫激光 CTP 版材直接接受由计算机控制的紫激光扫描光束，经过适当处理即可上机印刷，不但简化了制版工艺，缩短了时间，而且减少了出错几率，保证影像精确还原，可提升制版工作流程效率和印品质量。紫激光 CTP 版具有感光度高、无需预热、潜影稳定、影像质量优异、显影加工环保、适应大多数制版机等特点。

喷涂蒙版型 CTP 版材利用的是喷涂或喷射技术。喷涂蒙版型 CTP 版材是在常规 PS 版中加一层很薄的可溶解层或蜡质熔解层。制版时用 CTP 系统的喷墨头在版上喷墨、曝光，然后洗去蒙层，接下来的处理与常规 PS 版一样。

用于凹印的印版版材

凹印就是指凹版印刷，其印版的图文部分凹下，空白部分高出图文部分，并且空白部分都处在同一平面或同一半径的圆弧上。凹版印刷品线条细腻，花纹多变，具有很高的防伪能力。凹版印刷已成为钞票、邮票以及其他有价证券的主要印刷方式。

凹版主要有照相凹版和雕刻凹版两大类。照相凹版又分为传统照相凹版(又称影写凹版)和照相加网凹版。雕刻凹版分为手工雕刻、机械雕刻和电子雕刻。目前常用的是照相凹版、照相加网凹版和电子雕刻凹版。

照相凹版是在经重铬酸盐敏化过的碳素纸上,先晒制凹印网格,再晒制连续调阳图,然后将碳素纸上的图像转移到滚筒上,通过显影、填版、腐蚀而制得印版。

照相加网凹版是用喷涂法或滑环法将感光胶直接涂布在滚筒上,用加过网的阳图版直接曝光晒版,然后进行显影、填版、腐蚀制得印版。

照相凹版为直接腐蚀凹版,主要由人工直接控制,因此制版稳定性、实地密度均匀性、再版重复性、文字清晰度均较差,一般多用于商业印刷,如报纸、杂志及包装材料等。

雕刻凹版是由早期金属装饰雕刻术演变而来,当时把雕刻铜图案作为装饰品,后来才被利用在印刷上。雕刻凹版在工艺上又分为手工雕刻凹版、电子雕刻凹版和激光雕刻凹版,其中最常用的是电子雕刻凹版。

凹版滚筒的材料一般选用钢或铜等金属材料。电子雕刻凹版是用有电子束的凹版雕刻机对凹版滚筒进行雕刻。雕刻机通过扫描头对原稿进行扫描,得到密度光信号,经过光电转换成为电信号,再经电子计算机进行一系列的处理后传输到输出端,驱动电子雕刻头在铜滚筒上进行雕刻,最后制成凹版。激光雕刻凹版则是利用激光雕刻机来雕刻凹版滚筒的。

雕刻凹版线条较粗,深的地方能粘藏较厚的油墨,故印刷时墨色较深;线条细而浅的地方粘藏的油墨较薄,故印刷时墨色较淡。由于此等特性,其墨色表现力特强,虽制版工艺复杂,但印品精美,多用以承印钞券、邮票、股票及其他有价证券和艺术品等,并且由于墨层高于纸面,照相复制困难,因而具有防伪功能。

印刷用油墨

印刷时使用的色料称为油墨,由颜料、连接料、填料、助剂等组成。历史上记载的比较可靠的油墨发明者是魏晋(220～420年)年间的韦诞。

颜料在油墨中起着显色作用,是不溶于水和有机溶剂的彩色、黑色或白色的高分散度的粉末。加入不同的颜料油墨就会有不同的颜色出现,印刷中常用油墨有黄、品红、青、黑四种。其中三原色油墨品红、青、黄色颜料颗粒要极细，透明度一定要高。所有颜料不仅要有耐水性，而且颜料最好具有耐碱、耐酸、耐醇等性能，因为印刷时油墨要叠加起来，上层的油墨不能覆盖住下层油墨的颜色。

颜料是粉末状的，油墨也是粉末状的吗？油墨当然不是粉末状的，它是可以流动的。那么在油墨里面加了些什么呢？

连接料俗称调墨油，是油墨的主要组成成分，起着分散颜料、给予油墨以适当的黏性、流动性和转印性能，以及印刷后通过成膜使颜料固着于印刷品表面的作用。连接料由多种物质制成，如各种干性植物油大都可以用来制造油墨的连接料，矿物油也可制成连接料。溶剂和水以及各种合成树脂都可用于制成连接料。油墨质量的好坏，除与颜料有关外，主要取决于连接料。

填料是白色、透明、半透明或不透明的粉状物质，主要起充填作用，充填颜料部分适当采用些填料，既可减少颜料用量，降低成本，又可调节油墨的性质，如稀稠、流动性等。

助剂是在油墨制造以及印刷过程中，为改善油墨本身的性能而附加的一些材料。按基本组成配制的油墨，在某些特性方面仍不能满足要求，或者由于条件的变化而不能满足印刷的要求，必须加入少量助剂来解决。助剂有许多，如干燥剂、防干燥剂、冲淡剂、撤粘剂、增塑剂等等。

印刷油墨应具备的性能

作为印刷的必备要素，油墨在使用过程中必须满足物理、化学、光学三方面的性能。这里着重介绍油墨的物理及化学方面的性能。

油墨的物理性能包括比重、细度、流动性等。

印刷时比重大的油墨，消耗量大，对降低成本不利。另外，比重大的油墨易出现堆版或堆胶辊的情况。油墨的细度指油墨颜料颗粒的大小。油墨的细度不合格，印刷网点时会出现边缘发毛、糊版和网点扩大现象。细度越好，油墨着色力越强，印刷效果也越好。印刷时油墨越稠密，黏性越大，油墨的流动性越小。

胶印油墨的化学性质，主要是指油墨在印刷过程或印刷成膜后印迹墨层抗化学物质的性能，包括耐水性、耐酸性、耐碱性、耐溶剂性、耐蜡性、耐光性等。

油墨的耐水性是指油墨抵抗水浸润的能力，印迹的耐水性则指墨膜的耐水性。

油墨对酸性物质的耐受能力称为油墨的耐酸性。油墨的耐酸性取决于油墨所用颜料和连接料的耐酸性质。如在印刷包装纸、纸盒等印刷品时，若油墨的耐酸性差，使用酸性黏合剂或包装物为酸性物品等，都会导致印迹褪色或变色，造成商品贬值，影响销售。

油墨对碱性物质的耐受能力称为油墨的耐碱性。油墨的耐碱性主要取决于所用颜料和连接料的耐碱性。

油墨对有机溶剂如醇、酯、酮、苯等的耐受能力称为油墨的耐溶剂性。油墨的耐溶剂性主要取决于颜料的耐溶剂性。

油墨对蜡熔液的耐受能力称为油墨的耐蜡性。在面包、糖果、冰糕、雪糕等食品包装的印刷中，多数需经过80℃以上的蜡熔液涂布加工，以保护食品。如果所用油墨的耐蜡性比较弱，则经过涂布加工后，其印迹就会产生变色和渗色等现象，影响食品外观包装质量和内在品质。

油墨的耐光性是指墨膜颜色对日光的耐受性能。一般来说，完全耐光的颜料在目前技术条件下是无法取得的，只是耐晒度不同而已。油墨印在承印物表面后，在光线作用下，颜色会逐渐发生变化。这是因为印刷油墨中的颜料会在阳光曝晒下发生化学变化所致，所以耐光性好的印品，保存时间会更长一些。

印刷用油墨颜色质量评价

彩色图像印刷品的最终色彩效果，在一定条件下与油墨的颜色质量直接相关。因为油墨是彩色印刷品色彩的来源，其最后的视觉效果是依靠油墨印刷在纸张上的效果决定的。所以彩色图像印刷要求油墨的颜色能使印刷品色彩鲜艳、明亮。就彩色印刷的全过程来说，如分色、制版、印刷以及纸张质量的好坏，都会影响到印刷品的颜色，但是油墨颜色的优劣，则是影响色彩效果的最重要的因素之一。假如油墨的颜色不好，不论采用多么先进的工艺方法，也印不出好的彩色印刷品来。所以，油墨的颜色质量也就显得至关重要。

油墨的颜色质量可以从以下三方面来评价，分别是色调、亮度、饱和度，这三个值确定则油墨的颜色也就确定了。

色调又称为色相，是指颜色的外观相貌。油墨颜色的色调决定于油墨对光线中各成分的吸收情况。亮度也称明度或明亮度，是指颜色的明暗程度。油墨的亮度取决于油墨反射光线的多少而形成不同的明暗如淡绿、墨绿。饱和度也叫彩度，是指颜色的鲜艳程度。油墨颜色的饱和度取决于油墨反射光线的纯度。如红色油墨反射的红色光越纯即含其他颜色的光线越少，其饱和度就越大，红色也就越鲜艳。

色调、亮度、饱和度是最直观的油墨颜色的评价标准。除此之外评价油墨颜色质量还可以使用色强度、色相误差、灰度和色效率四个参数。这四个参数是由美国印刷技术基金会 GATF 推荐的。

油墨的色强度决定了油墨颜色的饱和度，也影响着套印的间色和复色色相的准确性以及中性色是否能达到平衡等问题。一般来说油墨的色强度越高，其彩度也就越高。

色相误差又称为色偏。油墨在理论上应该是纯色的，但实际上并非如此，所以油墨在色相及色调上的偏差就用色相误差来表示。

油墨的灰度可以理解为该油墨中含有非彩色的成分。油墨的灰度越大其颜色越暗，明度越低；灰度越小其颜色越亮，明度越大。

油墨的色效率则是综合反映油墨选择性吸收和反射能力大小的参数，色效率是油墨颜色评价的综合指标。另外色效率只对三原色墨有意义，对于两原色墨叠印的间色（二次色）没有实际意义。

油墨的干燥性能

油墨的干燥性是指油墨附着在印刷品上形成印迹后，从液体或糊状变成固体的快慢程度。油墨经印刷后转移到纸张上，此时要求油墨墨层内的溶剂在瞬间逸出，使纸张上的油墨干燥，印刷工序才能正常进行。油墨的干燥性即油墨干燥的快慢，对印刷品质量有很大影响。若干燥过快，油墨会在印版或墨辊上糊版、结皮，使印刷品上出现墨斑；若油墨干燥过慢，印刷品则可能发生背面粘脏等现象。

由上不难看出,油墨的干燥性是油墨的一项重要指标。那么油墨是如何干燥的呢?油墨的干燥是靠油墨中的连接料变为固体而完成的。在油墨中使用的连接料及其配方比例都是不相同的,所以油墨的干燥过程也各不相同。

油墨主要有三种干燥方式,分别是渗透干燥、挥发干燥和氧化结膜干燥。

油墨的渗透干燥是指油墨干燥时一部分连接料渗入纸张中,另一部分连接料同颜料一起固着于纸张表面的干燥方式。这种干燥主要是依靠纸张的吸收作用和油墨的渗透作用完成的。纸张是由纤维交织成的多孔性物质,孔径很小。当油墨转移到纸张上的时候,由于纸张纤维空隙的作用便开始吸收油墨中的连接料。在吸收过程中油墨的成分和流变特性逐渐改变,液体成分逐渐减少,颜料粒子凝聚力逐渐增大,油墨逐渐失去流体性质而固化。凸版轮转墨主要依靠渗透干燥。

挥发干燥是指油墨层干燥时连接料中的溶剂部分挥发,余下的树脂和颜料形成固体膜层,固着在纸张表面。凹版油墨和柔版油墨是典型的挥发干燥型油墨。挥发干燥的速度主要取决于溶剂的蒸发潜热、颜料的比例、颗粒的半径大小以及不同的树脂种类。颜料在油墨中所占比例越大,干燥速度越慢;颜料粒子越小,则表面积越大,干燥速度越慢。凹版印刷用油墨因采用挥发性较强的溶剂为连接料,所以是以挥发性干燥为主。

氧化结膜干燥是指以干性植物油为连接料的油墨在吸收空气中的氧分子后,发生氧化聚合反应,使油墨由液态转化为固态,形成有光泽、耐摩擦、牢固的墨膜。平版印刷油墨、印铁油墨、丝网印刷油墨都属于氧化结膜干燥型油墨。

油墨的印刷适性

承印物、印刷油墨以及其他材料与印刷条件相匹配,适合于印刷作业的性能,叫作印刷适性。油墨的印刷适性是指油墨与印刷条件相匹配,适合于印刷作业的性能,主要包括黏度、黏着性、触变性、干燥性等。

油墨的黏度决定油墨的流动性能以及油墨的渗透性能,油墨黏度越小,流动性和渗透性越好,可以满足高速印刷的要求。油墨的黏度可以用调墨油或油墨稀释剂进行调整。

油墨从墨斗向墨辊、印版、橡皮布、承印物表面转移时，油墨薄膜先是分裂，而后转移，墨膜在这一动态过程中表现出来的阻止墨膜破裂的能力，叫作油墨地黏着性。印刷过程中，如果油墨的黏着性和承印物的性能、印刷条件不匹配，则会发生纸张地掉粉、掉毛、油墨叠印不良、印版脏污等印刷故障。

当油墨受到外力搅拌时，油墨随搅拌的作用由稠变稀，但当停止搅拌后，油墨又会由稀变稠，这种现象就叫作触变性。

由于油墨的触变性，在墨辊转动时产生的剪切力作用下，油墨的流动性变大，转移性能好转；但当油墨转印到纸张表面后，由于失去了外力的作用，油墨又由稀变稠，而不向印迹外溢流，保证了印迹的准确性。

油墨的干燥性前面已详细介绍，不再赘述。

胶版印刷油墨

在胶印生产中，通常应按照所用纸张、胶印机类型、印刷速度以及产品性质、用途等工艺技术条件，选择相应的油墨。胶印常用油墨有：油脂型胶印油墨、树脂型普通胶印油墨、树脂型亮光胶印油墨、树脂型快干（快固着）胶印油墨、树脂型快固亮光胶印油墨、金属（金、银色）胶印油墨、树脂型非热固轮转胶印油墨、树脂型热固轮转胶印油墨等。

油脂型胶印油墨印刷时印迹的光泽度稍差，自 20 世纪 60 年代中期，已逐渐被各类树脂型胶印油墨所取代，目前只是在一些中、小型印刷厂有少量应用，主要用于一般书刊封面、彩色包装等普通印件的印刷。

树脂型普通胶印油墨是在油脂型胶印油墨的基础上引入合成树脂改性而成的，普遍用于胶印或凸版彩色印刷生产中，主要用于印刷书刊、教科书封面、宣传画和包装商标等以线条和实地版为主的普通彩色印件。

树脂型亮光胶印油墨和树脂型快干（快固着）胶印油墨都是常用的中档胶印油墨，主要用于挂历、画册、彩色杂志等以网目调为主或实地的彩色印件的印刷，兼供凸版印刷包装纸品、商标等彩色印件。二者的区别是树脂型亮光胶印油墨以氧化聚合干燥为主，而树脂型快干胶印油墨以渗透胶凝干燥为主。

树脂型快固亮光胶印油墨是常用的高档胶印油墨之一，主要用于印刷彩色杂志、画册、高档包装纸品等。此种油墨具有优良的颜色表现力，较高的着色浓度，色彩艳丽、纯正，印刷作业适性和网点再现性优良，干燥迅速，光泽度较高，墨膜的耐受性和耐摩擦性均佳。

金属（金、银色）胶印油墨由金属颜料、特种连接料和一定量的辅料经混合调制而成，主要用于印刷精美豪华的出版物和包装纸品、商标、标签等。

树脂型非热固轮转胶印油墨又称树脂型冷固轮转胶印油墨，用于高速轮转胶印机，可与新闻纸、书刊纸、凸版纸等非涂料纸匹配使用。

树脂型热固轮转胶印油墨是由热固型轮转铅印油墨改进而来的，由颜料、树脂型热固连接料和改性剂构成，主要用于印刷彩色报纸、杂志、广告、商品目录、旅游小册子、电话号码簿等。

凹版印刷油墨

凹版油墨根据凹版的种类可分为两种，一种是雕刻凹版油墨，另一种是照相凹版油墨。

雕刻凹版印刷使用的油墨属于氧化结膜干燥型油墨，其特性是稠度大，黏性小。在印刷时雕刻凹版油墨涂布于印版的凹纹中，然后用刮擦的方法除去非图文部分的油墨进行压印，使油墨转移到纸张，其印迹厚实，线条凸起，可套印各种色彩。雕刻凹版油墨主要用来印刷有价证券，如货币、邮票等。

照相凹版使用的油墨习惯上称为影印油墨。油墨组成中除颜料、树脂、添加剂外，还含有较多的挥发性溶剂。因此，该油墨的干燥形式是挥发性干燥。影印油墨根据其组成的不同，有苯墨（溶剂为苯类及其衍生物）、汽油墨（溶剂为汽油）、醇墨（溶剂是醇类）、水型墨（以水、醇、醚为溶剂）等分类。

总体来看，凹版印刷油墨属于一种快干型油墨，油墨的干燥主要依靠油墨溶剂的挥发，通常是在加热条件下实现的。这些油墨黏度低，很容易在纸页中毛细管的作用下从印版的凹下部分转移到纸上。这类油墨通常以溶于芳烃或酯溶剂中的聚酰胺或聚丙烯酰胺为调墨油。

随着人们环保意识的日益增强和法律规定的日益明确，材料的安全性和卫生性也越来越受到重视，人们对油墨的要求也越来越严格，目前油墨生产厂家也纷纷推出醇溶油墨。此类油墨不含芳香烃，也不含酮类溶剂，只含酯类和醇类溶剂，就环保而言是优秀的，但其挥发速度难以调节，印刷适性差了许多。

凸版印刷油墨

凡是印版的图文部分高于空白部分，并在图文部分涂布油墨，通过压力作用使图文复制到印刷物表面的印刷方法，称为凸版印刷。凸版印刷的油墨应具有良好的转移性，能顺利地从墨斗中转移到版面上；有适当的触变性，触变性过大会妨碍油墨转移，过小则印刷物上油墨易于流动；有合适的稀释度和黏度等。

凸版油墨包括铅印书刊油墨、铅印彩色油墨、铅印塑料油墨、橡皮凸版塑料油墨（即柔版塑料油墨）、凸版水型油墨、凸版轮转书刊油墨、凸版轮转印报油墨等。

铅印书刊油墨主要用于印刷书刊。由于书刊用纸结构较粗糙，但有较好的吸油性能，所以铅印书刊油墨采用渗透性干燥油墨。

铅印彩色油墨常用于铜版彩色印刷，也称铜版油墨。印刷后印品上的网点有良好的反差对比，印迹一致且丰满。油墨的连接料以氧化结膜与溶剂部分渗透固着干燥为主，干燥速度快，油墨的转移性也好。

凸版轮转书刊油墨适用于印刷速度在单张纸印刷机与新闻轮转机之间的书刊轮转机。随着印刷速度的日益提高，渗透干燥型或氧化结膜干燥型已不能适应要求，从而采用热固型油墨，即在印刷过程中，经过 200～250℃ 的高温烘烤，使油墨中的溶液逸去，从而使油墨固着在印刷品上。

凸版轮转印报油墨又叫新闻轮转油墨，为适应高速印刷，要求新闻轮转油墨具有良好的流动性能，黏度比较低。新闻轮转油墨是典型的渗透干燥型油墨，几乎是完全依赖于纸张纤维对连接料的吸收而干燥的。

丝网印刷油墨

由于丝网印刷的承印材料种类众多，且特性、用途各异，所以其印刷所用油墨种类也很多。印刷过程中只有很好地掌握油墨的印刷适性，才能取得好的印刷效果。我们就简单看看丝网印刷油墨的种类。

丝网印刷油墨根据油墨的特性可分为荧光油墨、亮光油墨、快固着油墨、磁性油墨、导电油墨、香味油墨、紫外线干燥油墨、升华油墨、转印油墨等。

丝网印刷油墨根据油墨所呈状态可分为胶体油墨、水性油墨、油性油墨、树脂油墨、固体油墨。如静电丝网印刷用的墨粉就是固体油墨。

丝网印刷油墨根据承印材料可分为纸张用油墨、织物用油墨、金属用油墨、玻璃陶瓷用油墨、塑料用油墨、印刷线路板用油墨、皮革用油墨。

纸张用油墨又可分为油性油墨、水性油墨、高光型油墨、半亮光型油墨、挥发干燥型油墨、自然干燥型油墨、涂料纸型油墨、塑料合成纸型油墨、板纸纸箱型油墨。

织物用油墨又可分为水性油墨、油性油墨、乳液型油墨。

木材用油墨又可分为水性墨、油性墨。

金属用油墨又可分为铝、铁、铜、不锈钢等不同金属专用油墨。

玻璃陶瓷用油墨又可分为玻璃仪器、玻璃工艺品、陶瓷器皿用油墨。

塑料用油墨又可分为聚氯乙烯用油墨、苯乙烯用油墨、聚乙烯用油墨、丙烯用油墨等。

印刷线路板用油墨又可分为电导性油墨、耐腐蚀性油墨、耐电镀及耐氟性油墨和耐碱性油墨。

丝网印刷油墨根据功能可分为化学性功能油墨和物理性功能油墨。

丝网印刷油墨根据干燥形式可分为挥发干燥型油墨、反应干燥型油墨、其他干燥型油墨(熔固型油墨、热印冷固型油墨)。

丝网印刷油墨根据连接料可分为水基油墨和溶剂型油墨。

丝网印刷油墨根据承印物种类可分为塑料油墨、金属丝印油墨、织物丝印油墨、纸用丝印油墨、玻璃陶瓷丝印油墨。

柔版印刷油墨

柔版油墨有两个显著特点，一是黏度低、流动性良好；二是能快速干燥。柔版油墨根据溶剂不同可分成溶剂油墨、水基油墨和 UV 紫外线干燥油墨。其中，溶剂性油墨主要用于塑料印刷；水性油墨主要适用于具有吸收性的瓦楞纸、包装纸、报纸的印刷；UV 紫外线干燥油墨为通用油墨，纸张和塑料薄膜印刷均可使用。

根据色料不同，溶剂型油墨可分为染料型油墨和颜料型油墨。

染料型油墨主要有两类，碱性染料油墨和耐光染料油墨。碱性染料油墨通常仅用于纸袋、包装纸、糖果纸的印刷。耐光染料油墨除了用于纸张印刷外，还常用于各种金属箔的印刷。

颜料型油墨中的颜料不能溶解在油墨连接料中，因此必须借助于研磨设备扩散在油墨联结料中。颜料型油墨的种类很多，根据不同的承印物材料大致分为：纸张油墨、聚氯乙烯薄膜油墨、聚酯薄膜油墨、铝箔印刷油墨等。

水基油墨的特点是使用的溶剂是水而不是有机溶剂。水基油墨可分为水溶性油墨、碱溶性油墨、扩散性油墨。

紫外线固化干燥油墨简称 UV 油墨，是一种在一定波长的紫外线照射下，能够从液态转变成固态的液体油墨。

UV 油墨性能价格比高，1 千克油墨可印刷 70 平方米的印刷品；UV 油墨不污染环境，印刷过程中不向空气中散发有机挥发物；UV 油墨安全可靠，性能稳定；印品质量优异。UV 油墨具有以上优点，成为柔版印刷油墨的主流产品。

印刷常用纸张

纸质印刷品已经随处可见，有的印刷品表面光滑鲜亮，有的印刷品表面具有磨砂般的感觉，有的印刷品有着千年古树般的纹理，是靠不同的印刷技术产生的效果，还是有着其他的原因呢？今天所能看到的纸质印刷品有着如此丰富的外貌，除了有赖于日新月异的印刷技术外，还有印刷用纸的功劳。

顾名思义，印刷用纸是指用于印刷工业的纸张。印刷用纸的种类丰富多样，我们常见的有新闻纸、胶版纸、铜版纸。它们是什么样的，又用在哪些印刷品上呢？

新闻纸也叫白报纸，是报刊及书籍的主要用纸，适会用作报纸、期刊、课本、连环画等正文用纸。新闻纸的特点有：纸质松轻，有较好的弹性；吸墨性能好，这就保证了油墨能较好地固着在纸面上；纸张经过压光后两面平滑，不起毛，从而使两面印迹都比较清晰而饱满；有一定的机械强度；不透明性能好；适合于高速轮转机印刷。这种纸是以机械木浆（或其他化学浆）为原料生产的，含有大量的木质素和其他杂质，不宜长期存放。保存时间过长时，纸张会发黄变脆，抗水性能差，不宜书写等。

胶版纸主要供平版（胶印）印刷机或其他印刷机印刷较高级的彩色印刷品时使用，如彩色画报、画册、宣传画、彩印商标及一些高级书籍封面、插图等。胶版纸按纸浆料的配比分为特号、1 号、2 号和 3 号，有单面和双面之分，还有超级压光与普通压光两个等级。胶版纸伸缩性小，对油墨的吸收性均匀，平滑度好，质地紧密不透明，白度好，抗水性能强，印刷时应选用结膜型胶印油墨和质量较好的铅印油墨。

铜版纸又称为涂料纸，是在原纸上涂布一层白色浆料，经过压光制成。纸张表面光滑，白度较高，纸质纤维分布均匀，厚薄一致，伸缩性小，有较好的弹性和较强的抗水性能及抗张性能，对油墨的吸收性与接收状态良好。铜版纸主要用于印刷画册、封面、明信片、精美的产品样本以及彩色商标等。

印刷纸张的评价标准

最常见的印刷制品之一就纸质印刷品。没有好的纸张就不可能印刷出高质量的印刷品。那么印刷用纸张应该从哪些方面来评判其好坏呢？

纸张相关的评判参数很多，下面我们一一介绍。

（1）纸张的规格：纸张的规格包括纸张的形式、尺寸、定量三方面。

印刷用纸的形式有两种，即平板纸和卷筒纸。平板纸是将纸张按一定规格裁成定长、定宽的纸张。卷筒纸是卷在纸卷芯上呈圆柱状的纸张。平板纸的尺寸是指纸张的长度和宽度，如 787 毫米×1 092 毫米。卷筒纸的尺寸指纸张的宽度，卷筒纸的长度一般在 6 000～8 000 米之间。定量指单位面积纸张的重量，一般以克/平方米表示，如有 60 克/平方米的胶版纸是指面积为 1 平方米的胶版纸重 60 克。

（2）厚度：是指纸张的厚薄程度。纸张的厚度影响到纸张的可压缩性和不透明度。如果纸张厚薄不匀，就会使印刷压力产生改变，使印迹深浅不一，影响印刷质量。纸张厚度对不透明性也有影响，纸张越薄，不透明性就可能下降。

(3) 紧度:紧度指纸张单位体积的重量,亦为密度。紧度会影响纸张的光学性能及物理性能。紧度也与吸墨性能有关,紧度大的纸张吸墨性能会下降。

(4) 机械强度:机械强度包括抗张强度、压缩性和表面强度等。纸张在外力的作用下会发生形变,而当外力消降后,纸张恢复到原先状态的能力称为纸张的抗张强度。印刷用纸要求有较大的抗张强度,以保证纸张受外力作用时不致断裂。

纸张受到一定压力后会略微压缩,在撤除外力后,纸张恢复到原来状态的程度称为压缩性。纸张的压缩性对印刷用纸尤为重要。因为印刷时,纸张要承受一定的压力使油墨能从印版上转移到纸张上来。如果没有一定的压缩性,印版上的图文部分就不能完全与纸张表面接触,油墨不能良好的转移,就会造成印迹模糊不清而降低印刷质量。

纸张的表面强度是指纤维、填料、胶料三者间的结合强度。纸张的表面强度要能经受得住油墨对纸张的粘力,否则印刷过程中油墨会将纸张表面的纤维、填料粘离纸张表面。

(5) 两面性:纸张正、反面性质存在差异,称为纸张的两面性。纸张的两面性对印刷的影响较大,由于纸张正面质地紧密,平滑度、表面强度、施胶度等都好于反面,正反双面印刷时会造成印出的产品两面墨色不均匀的现象。

(6) 光学特性:包括纸张的不透明度、光泽度、白度等。不透明度是指印刷后图文不能透过另一面的性能。纸张的光泽度与印刷有很大关系,高光泽度纸张能使印刷品的色彩光亮,但光泽太强的纸张会使印刷品产生眩光,不利于阅读。纸张的白度是指纸张表面的洁白程度。

(7) 尺寸稳定性:印刷用纸对尺寸稳定性要求比较高。纸张在印刷时,尺寸如果发生变化,套色就不准。对平版印刷来说,每次印刷,纸张都要吸收一部分水分,如果纸张的尺寸稳定性不好,会使下一色套不上而产生废品、次品。

另外,纸张的印刷适性也是印刷行业对纸张性能评价的一项重要指标。

纸张的印刷适性

纸张用于印刷,那么纸张的性能必定影响印刷的效果,所以纸张的印刷适性也变得重要起来。纸张的印刷适性是指纸张固有特性在印刷条件下是否适合于对图文的显示。它涉及纸张的含水量、pH 值、平滑度、表面强度等许多因素。

纸张中的含水重量与该纸张的重量之比叫作纸张的含水量。当纸张周围的环境发生变化,空气中的水蒸气压和纸张中的水蒸气压不相等时,纸张便会出现比较缓慢的吸排水现象,直至它们相等为止。纸张的含水量增加会使纸张的尺寸伸长,含水量降低会使纸张的尺寸变小,纸张变硬发脆。纸张含水量的变化是造成印刷套印不准的最重要的原因之一。

纸张的酸碱度是指纸张呈酸性或碱性的性质。纸张一般应呈中性,酸性纸张可抑制油墨氧化结膜干燥。对于平版印刷来说,纸张的酸碱性还影响到润湿液的 pH 值。如果纸张碱性太强,印刷时碱性物质传递到润湿液中,使其 pH 值发生变化,会使印刷品出现浮脏、油墨乳化等。纸张偏碱或偏酸,在经过一段时间后,还会造成印刷品上的油墨褪色。

纸张的吸墨性是指纸张在上墨后吸收油墨的能力。印刷工艺要求纸张具有相当的吸收能力,使纸张能尽快地吸收油墨。印刷时纸张吸收的是油墨中的连接料,而颜料颗粒则留在纸张表面迅速干燥。如果纸张组织结构疏松,纤维间隙大,吸墨能力就大,反之则小。纸张吸墨能力过大时,会造成图文印迹色泽暗淡或产生透印、粉化现象;吸墨能力过小则可能出现干燥不良现象。一般胶版纸的吸墨性优于铜版纸,而铜版纸的吸墨性优于白板纸。印刷薄的胶版纸易出现透印现象,而在白板纸上印刷较厚的墨层则易出现背面蹭脏。

纸张的平滑度是指纸张表面状态的平整光洁程度。纸张的平滑度差会造成压印面接触不良而影响油墨的转移效果。印刷越精细的印品,对纸张的平滑度要求越高。

纸张的白度是指纸张表面的洁白程度。纸张的白度直接影响彩色印刷的油墨呈色效果。彩色印刷的纸张白度应该高一些,同一批印刷品纸张的白度要一致。

纸张的表面强度是指纸张组成中的纤维、填充料和胶料三者之间的结合牢度。纸张的表面强度差是引起印刷时掉毛、掉粉的主要因素。铜版纸的表面强度较高,而白板纸的表面强度较差,印刷过程中需频繁地清洗橡皮布和印版。纸张的表面强度会随含水量的增加而降低。

胶版纸

纸张可以分为非涂料纸和涂料纸。非涂料纸是指在经过制浆处理的植物纤维中添加适量的辅料制成的纸张，常用的胶版纸、书写纸等都属于非涂料纸。涂料纸是指以非涂料纸为原纸，再在其表面涂布一层白色涂料，并经超级压光或美术压纹制成的加工纸，如铜版纸、玻璃卡纸、白板纸等都属于涂料纸。

胶版纸分为A、B、C三个等级。A、B级胶版纸通常用100%的漂白针叶木浆或搭配竹浆、棉浆、龙须草浆等抄造而成。C级胶版纸使用50%的漂白木浆，也可掺用部分棉浆或竹浆。

另外，胶版纸有单面和双面之分，还有超级压光与普通压光两个等级。

单面胶版纸分为A、B、C三级。A级的用于印刷高级彩色宣传画、烟盒及商标等；B、C级的用于印刷一般彩色画、商标等。单面胶版纸只适合进行单面印刷。超级压光胶版纸的平滑度、紧度比普通压光胶版纸好，印上文字、图案后可与黄板纸裱糊成纸盒。

总体来讲，胶版纸伸缩性小，对油墨的吸收性均匀，平滑度好，质地紧密不透明，白度好，抗水性能强，印刷时应选用结膜型胶印油墨或质量较好的铅印油墨。

铜版纸

铜版纸又称涂布印刷纸，在香港等地区称为粉纸，是以原纸涂布白色涂料制成的高级印刷纸，主要用于印刷高级书刊的封面和插图、彩色画片、各种精美的商品广告、样本、商品包装、商标等。

铜版纸是19世纪中叶由英国人首先研制出来的一种涂布加工纸，把又白又细的瓷土等调和成涂料，均匀地刷在原纸的表面上（涂一面或双面），便制成了高级印刷纸。

铜版纸既然是高级印刷纸，那么它在现代造纸工业中是如何制造的呢，又有什么样的特点能使铜版纸成为高级印刷纸呢？

铜版纸的主要原料是铜版原纸和涂料。原纸是用100%的漂白化学木浆或掺用部分漂白草浆抄造而成。涂料主要由硫酸钡、高岭土、钛白粉等白色颜料和干酪素、明胶等胶黏剂组成，还要加入蜂蜡、甘油等辅料。涂布机将涂料薄而均匀地涂刷在原纸上，然后进行干燥，在卷纸机上卷成卷筒状，再送到超级压光机上进行压光整饰，最后分切、选纸、打包，便完成了整个制造工艺。

铜版纸有单面铜版纸、双面铜版纸、无光泽铜版纸、布纹铜版纸之分，根据质量分为 A、B、C 三等。铜版纸的特点在于纸面洁白，光滑平整，具有很高的光滑度和白度，纸质纤维分布均匀，厚薄一致，伸缩性小，有较好的弹性、较强的抗水性能和抗张性能，对油墨的吸收性与接收状态非常好。

由于以上这些特点，在铜版纸上油墨附着快，干燥快，干燥后还可以衬托出光泽来；在铜版纸上网点再现性好，墨层薄而图像清晰，网点光洁；铜版纸的稳定性好，在铜版纸上印刷能够达到精确套印的要求；铜版纸的抗张强度及表面强度也很高，足以抵抗较黏油墨的墨膜产生的较大拉力。所以常用铜版纸印刷高级印刷品。

另外布纹铜版纸是用旧毛毯压过的，它除了纸面平整、白度高外，还使印出的图形、画面具有立体感。布纹铜版纸广泛用于印刷画报、广告、风景画、精美年历、人物摄影图等。

新闻纸

新闻纸又称白报纸，是一种含磨木浆纸种，原料采用 100％废纸浆或机械浆，配少量漂白针叶木浆制成。新闻纸是报刊及书籍的主要用纸，用作报纸、期刊、课本、连环画等正文用纸。我们看的报纸就是使用新闻纸作为承印物印刷的。

新闻纸是以机械木浆（或其他化学浆）为原料生产的，含有大量的木质素和其他杂质，不宜长期存放。保存时间过长后，纸张会发黄变脆，抗水性能差，变得不宜书写。所以新闻纸必须使用专用油墨印刷，印刷时必须严格控制水分。

新闻纸纸质松轻，有较好的弹性，吸墨性能好，印迹比较清晰，具有一定的机械强度，不透明性能好，纸张经过压光不起毛，适合用于高速轮转机印刷。

但是在印刷过程中，只有平滑度高的纸张，才能够获得足够的油墨，使油墨的转移率高，印刷品实地密度高，网点扩大值较小，色彩丰富，再现性强。而平滑度较差的纸张在印刷过程中获得的网点不完整，色彩不鲜艳，色彩的再现性也差。新闻纸的表面就有许多毛细孔和孔隙，所以要想获得理想的印刷效果，新闻纸的平滑度必须提高。

纸张是图文信息的载体，其白度直接影响印刷品的色彩。光线照射到纸张上只反射一部分光，白度越高则反射的光线越多。若新闻纸的白度低，则会吸收过多的光线，油墨的色彩便不能充分展现出来，就会影响图像颜色的色相、明度、饱和度，造成色彩灰暗、画面呆板。

总之，新闻纸作为报刊印刷中不可缺少的印刷材料，要想印刷出高质量的印刷品，对新闻纸性能的研究和改进是十分必要的。

纸张的规格

印刷品的种类繁多，不同的印刷品常要求使用不同品种、规格的纸张。那么纸张的常用规格有哪些呢？

凸版纸按纸张用料成分配比的不同，可分为 1 号、2 号、3 号和 4 号四个级别。纸张的号数代表纸质的好坏程度，号数越大纸质越差。一般使用凸版纸要求定量为(49～60)±2 克/平方米，单张纸常用规格为 787 毫米×1 092 毫米、850 毫米×1 168 毫米、880 毫米×1 230 毫米，卷筒纸常用规格为 787 毫米、1 092 毫米、1 575 毫米，长度一般为 6 000～8 000 米。

新闻纸也叫白报纸，是报刊及书籍的主要用纸。使用时定量为(49～52)±2 克/平方米，单张纸规格有 787 毫米×1 092 毫米、850 毫米×1 168 毫米、880 毫米×1 230 毫米。卷筒纸规格一般为宽度 787 毫米、1 092 毫米、1 575 毫米，长度 6 000～8000 米。

胶版纸按纸浆料的配比分为特号、1 号和 2 号三种，有单面和双面之分，有超级压光与普通压光两个等级。胶版纸定量有 50 克/平方米、60 克/平方米、70 克/平方米、80 克/平方米、90 克/平方米、100 克/平方米、120 克/平方米、150 克/平方米和 180 克/平方米。单张纸规格有 787 毫米×1 092 毫米和 850 毫米×1 168 毫米。卷筒纸常用规格有 787 毫米、850 毫米和 1 092 毫米。

铜版纸即涂料纸，主要用于印刷画册、封面、明信片、精美的产品样本以及彩色商标等。铜版纸的定量有 70 克/平方米、80 克/平方米、100 克/平方米、120 克/平方米、150 克/平方米、180 克/平方米、200 克/平方米、210 克/平方米、240 克/平方米和 250 克/平方米。单张纸常用规格有 648 毫米×953 毫米、787 毫米×970 毫米和 787 毫米×1 092 毫米。

画报纸的质地细白、平滑，用于印刷画报、图册和宣传画等。其定量为 65 克/平方米、91 克/平方米和 120 克/平方米。单张纸常用规格为 787 毫米×1 092 毫米。

书面纸也叫书皮纸，是印刷书籍封面用的纸张。书面纸造纸时加了颜料，常有灰、蓝、米黄等颜色，十分好看，可起到装饰作用。书面纸的定量为 120 克/平方米。单张纸常用规格有 690 毫米×960 毫米和 787 毫米×1 092 毫米。

压纹纸是专门生产的一种封面装饰用纸，纸的表面有一种不十分明显的花纹，颜色分灰、绿、米黄和粉红等色，一般用来印刷单色封面。压纹纸性脆，装订时书脊容易断裂。印刷时纸张弯曲度较大，进纸困难，会影响印刷效率。压纹纸的定量一般为 150～180 克/平方米。单张纸的规格为 787 毫米×1 092 毫米、850 毫米×1 168 毫米。

字典纸是一种高级的薄型书刊用纸，纸薄而强韧耐折，纸面洁白细致，质地紧密平滑，稍微透明，有一定的抗水性能，主要用于印刷字典、经典书籍一类页码较多、便于携带的书籍。字典纸定量为 30～40 克/平方米。单张纸规格为 787 毫米×1 092 毫米。

书写纸是供墨水书写的纸张，纸张要求书写时不渗墨，主要用于印刷练习本、日记本、表格和账簿等。书写纸分为特号、1 号、2 号、3 号和 4 号。书写纸定量有 45 克/平方米、50 克/平方米、60 克/平方米、70 克/平方米、80 克/平方米。单张纸规格有 427 毫米×569 毫米、596 毫米×834 毫米、635 毫米×1 118 毫米、834 毫米×1 172 毫米、787 毫米×1 092 毫米。卷筒纸规格有 787 毫米和 1 092 毫米。

打字纸是薄页型的纸张，纸质薄而富有韧性，打字时要求不穿洞，用硬铅笔复写时不会被笔尖划破，主要用于印刷单据、表格以及多联复写凭证等。打字纸有白、黄、红、蓝、绿等色。一般定量为 20～25 克/平方米。单张纸规格有787毫米×1 092毫米、560毫米×870毫米、686毫米×864毫米、559毫米×864毫米。

白板纸伸缩性小，有韧性，折叠时不易断裂，主要用于印刷包装盒和商品装潢衬纸。在书籍装订中，用于无线装订的书脊和精装书籍的中径纸(脊条)或封面。有特级和普通、单面和双面之分。按底层分类有灰底与白底两种。白板纸定量有220克/平方米、240克/平方米、250克/平方米、280克/平方米、300克/平方米、350克/平方米和400克/平方米。单张纸的规格有787毫米×787毫米、787毫米×1 092毫米、1 092毫米×1 092毫米。

牛皮纸具有很高的拉力，有单光、双光、条纹、无纹等品种，主要用于包装纸、信封、纸袋等的印刷。牛皮纸的单张纸规格有787毫米×1 092毫米、850毫米×1 168毫米、787毫米×1 190毫米、857毫米×1 120毫米。

纸张储存

承印材料是任何一个印刷生产厂的重要材料之一，纸张是印刷中使用最多的承印材料。纸张对印刷品质量、印刷成本有很大的影响。从成本考虑，无论哪个生产厂家，都希望生产材料即买即用，将库存减少为零库存，但在实际操作当中，无法完全实现这个目标，只能尽可能地减少库存，缩短库存周期，因此原材料的储存问题不可避免。由于纸张本身受外界环境影响比较大，而且发生变化后会影响到后续的加工，所以，不正确的存储方式会造成无法估量的损失。那么在印刷厂，纸张是如何存储的呢?

首先，纸张在存储之前必须经过检验。检验可以避免由于货品运输过程中出现异常而导致的外观质量问题，同时也可以避免纸张本身存在的质量问题，从而把可能影响印刷效率、品质和成本的因素消灭在萌芽状态。检验完毕后，纸张进入库房。在纸张储存时要注意以下几点：

(1) 纸张尽量不要露天存放，如果实在不能避免，露天存放时间也不要过久，同时需要用帆布遮盖，不能将纸张存放在阳光直射的地方，下雨时应及时移入仓库储存，避免淋雨。

(2) 纸张对空气湿度非常敏感，容易吸收或散失水分，造成荷叶边或紧边，导致印刷过程中产生套印不准和褶皱等问题，故储存纸张要选择清洁干燥的环境。纸张堆放时不能贴墙、靠窗或靠暖气存放，存放纸张的库房和车间的相对湿度最好保持在 50%～65%。纸台的高度应离地 150 毫米以上，以免受地面潮气影响。

(3) 平板纸最好不要竖立，要尽可能平放，并将开封的纸张放在原包装中，与未开封的纸张一起存放。储存的纸张应按进纸日期或纸张生产日期顺序整齐地堆放。

(4) 纸张存放时温度不易过高。温度过高时纸张的强度会显著下降，存放纸张的库房和车间的温度在 15～25℃为宜。

(5) 纸张堆叠高度不宜过高，防止压坏下层纸张。如果是卷筒纸，也要避免纸芯管受损。同时堆叠过高容易发生倒塌问题，造成纸品被摔烂或工伤事件。一般堆叠高度不宜超过 3 层。

(6) 对于储存时间过长(一般 1 年以上)的纸张，应定期检查，以防因老化、损坏等造成不必要的损失。库房要有防火措施和设备，千万不能在印刷厂内吸烟。

用于印刷的塑料

我们在日常生活中使用的印刷品种类五花八门，除了常见的纸质印刷品，还有塑料印刷品、木制印刷品、金属印刷品、陶瓷印刷品等。

塑料是以合成树脂或天然树脂为基础原料，在一定温度、压力下，加入各种增塑剂、填充剂、润滑剂、着色剂等添加剂制成的，是一种化学产品。塑料作为最常见的生活用品之一，它又是如何来到这个世界上的呢?

19 世纪时，人们还不能够像今天这样购买现成的东西直接使用。亚历山大·帕克斯有许多爱好，摄影是其中之一。那时的摄影师经常要亲自动手制作需要的东西，比如照相胶片和化学药品，所以当时的摄影师同时也必须是一个化学家。摄影中使用的材料之一是“胶棉”，它是一种“硝棉”溶液，亦即在酒精和醚中的硝酸盐纤维素溶液。当时它被用于把光敏的化学药品粘在玻璃上，来制作类似于今天的照相胶片的同等物。19 世纪 50 年代，帕克斯查看了处理胶棉的不同方法。一天，他试着把胶棉与樟脑混合，令他惊奇的是，混合后产生了一种可弯曲的硬材料。帕克斯称该物质为“帕克辛”，那便是最早的塑料。

帕克斯用“帕克辛”制作出了各类物品：梳子、笔、纽扣和珠宝装饰品。

然而，帕克斯没太有商业意识，并且还在自己的商业冒险中赔了钱。

20 世纪时，人们开始挖掘塑料的新用途。几乎家庭里的所有用品都可以用某种塑料制造出来。约翰·韦斯利·海亚特这个来自纽约的印刷工在 1868 年改进了制造工序，并且给了“帕克辛”一个新名称—“赛璐珞”，并且不久后就用塑料制作出各种各样的产品。

早期的塑料容易着火，这就限制了它的应用。利奥 ·贝克兰德第一个成功地研制出耐高温的塑料，当时这种耐高温的塑料称为“贝克莱特”。1918 年，奥地利化学家约翰又将塑料进行了改进。20 世纪 20 年代，塑料曾在欧洲被用作玻璃代用品，20 世纪 30 年代各种塑料陆续出现。

当塑料出现以后，人们开始在塑料上印刷各种图案，塑料印刷品已经深入千家万户，比如带有各种印刷图案的塑料袋、塑料杯和塑料玩具等。

用于印刷的金属

金属的发现和使用可以追溯到公元前 4000 年前的远古时代。金、银、铜等是人类最早发现的金属。在新石器时代晚期，人类最先使用的金属就是“红铜”(即“纯铜”)。在发掘出土的公元前 5000 年前的中东遗迹中，就有用铜打制成的最早的铜器。在古埃及和我国商代，人们就已会提取金、银，并将其制成饰物了。公元前 2000 年时，人类对金银加工技术有了很大提高，除了镀、包、镶以外，还能拉成细丝来刺绣。

金属印刷为实用印刷中的一种，俗称铁皮印刷。它是以金属板、金属成型制品、金属箔等硬质材料作为承印物的印刷方式，其承印材料主要有马口铁、无锡薄钢板、锌铁板、黑钢板、铝板、铝冲压容器铝与白铁皮复合材料等。

和纸质印刷不同的是，金属印刷很少是最终制品的印刷，而往往是各种容器、建材、家用电器、家具以及各种杂用品等加工工艺过程的组成部分，这些制品大都是以丰富人们的生活为主要目的。在当今社会，为了增加商品附加值，利于商品的出售，商品都在进行新颖的设计和精美印刷，这样，金属印刷就显得更加重要。

现在的金属印刷品都具有鲜艳的颜色和良好的视觉效果。比如以镀锡钢板作为承印材料，因其表面为镀锡层，具有闪光的色彩效果，再经过底色印刷，印上的图文则更加鲜艳。对于无锡钢板或其他金属材料，经表面处理和涂装，印刷后也可再现出特殊的闪光效果。

在商品包装中，由于金属承印材料具有良好的力学性能和加工、成型性能使得金属包装容器可实现新颖、独特的造型设计，能够制造出各种异形筒、罐、盒等包装容器，达到美化商品、提高商品的竞争能力的目的。

最后，金属材料的良好性能和印刷油墨良好的耐久性，不仅为实现独特的造型设计和精美印刷创造了条件，而且提高了商品的耐久性和保持性。

用于印刷的玻璃

生活在现代社会的人们，除了声光电外，还有一个玻璃世界。现代化的大楼与住宅几乎除了钢架、砖瓦，就是一片透明的玻璃，站在楼里或室内可以望到街上的车水马龙。

远在5 000～6 000年前，埃及人首先发明了烧制玻璃，后来传遍欧洲大陆。最初人们认为中国的玻璃也是从西方传入的，但考古发现打破了这一看法。1965年，在河南出土了一件商代青釉印纹尊，尊口有5块厚而透明的深绿色玻璃釉。1975年，在宝鸡出土的西周早、中期墓葬里有上千件琉璃管、珠，经中外科学家对古代实物的鉴定，是铅钡玻璃。与西方的钠钙玻璃不同，中国的玻璃是自成系统发展而来。考古发现还告诉我们，中国的玻璃要比埃及晚，它萌芽于商代，最迟在西周就已开始烧制。不过，我国早期的玻璃，古人称它为璆琳、琉璃、药玉、罐子玉等，南北朝以后，有时又称玻瓈、料器，清代才改称玻璃。古代所说的琉璃包括三种东西：一是指一种半透明的玉石，二是指用铝、钠的硅酸化合物烧制成的釉，三是指玻璃。

所谓玻璃印刷，是指以玻璃为主要承印物的印刷方式。现代玻璃制品的生产正朝着造型的多样化和印刷的精美化方向发展。玻璃制品的印刷可采用丝网印刷、喷墨印刷和转移印刷等方式，目前大多采用丝网印刷方式。

日用玻璃器皿如餐具、茶具、咖啡具、水杯、烟缸、果盘、花瓶等属于异形器皿，不能采用常见的印刷工艺。该类装饰印刷方法常有气枪喷花、丝网直接印花、手工描绘、网印贴花等。其中，网印贴花纸方式具有印刷幅面大、生产效率高、图纹精细、装饰效果好、对异型器皿造型适应性广等优点，被广泛应用。

用于印刷的织物

通过型版、花筒或筛网等印版把色浆转印到纺织物上，形成各式各样的花纹图案，人们将其称为印染，但就其实质来讲，印染技术完全是印刷技术在印染行业的具体应用，所以称它为织物印刷也是可以的。也就是说纺织物是可以印刷的，那么人们是从什么时候开始采用这项工艺呢？

早在 6 000～7 000 年前的新石器时代，我们的祖先就能够用赤铁矿粉末将麻布染成红色。居住在青海省柴达木盆地诺木洪地区的原始部落，能把毛线染成黄、红、褐、蓝等色，织出带有色彩条纹的毛布。商周时期，染色技术不断提高，宫廷手工作坊中设有专职的官吏管理染色生产。汉代染色技术已达到了相当高的水平。我国在织物上印花比画花、缀花、绣花都晚。目前我们见到的最早的印花织物是湖南长沙战国楚墓出土的印花绸被面。

中国近代的织物印刷，由中国古代织物印刷发展而来，在西方近代织物印刷技术的影响下继续发展。20 世纪上半叶，近代丝网印刷技术从日本传入中国，主要用于丝绸的印染。到抗日战争爆发时，上海已有丝绸印染厂 10 余家。截止到 1949 年，上海的丝绸印花厂已不下四五十家。

此后，中国的织物印刷技术也发生了很大的变化。50～70 年代以铜滚筒印花为主，70 年代以后，由于网版印刷技术的迅速发展，网版印花得到广泛应用，同时又出现了转移印花新技术。各种不同的印刷技术在印染行业竞放异彩，印染出美丽的丝绸花布，把人们的生活装扮得绚丽多彩。

用于印刷的陶瓷

陶瓷是以自然界广泛存在的高岭土、长石、石英为原料，经过配料、压制成型、施釉、烧成等工序制成的。陶瓷根据烧成时的温度分为瓷和陶两种，瓷的烧成温度要比陶高。

釉是覆盖在陶瓷表面的玻璃质薄层，丝网印刷是施釉的主要方式之一。由于釉是含有坯体成分的高温颜料，最后的烧结使釉和坯体结为一体，这种印刷方式称为陶瓷的直接装饰工艺。直接装饰的方式存在颜料在高温状态发生分解的弊端，所以色彩不是很鲜艳，我们日常见到的地板砖、外墙砖、内墙砖等都是用这种方法制造的。陶瓷的另一种印刷方式是使用转移贴花纸，首先在转移纸上用丝网印刷印上花纹，再转移到不规则的器皿表面，这种工艺常用在餐具、花瓶、容器等陶瓷制品。

陶瓷贴花纸印刷属于特种印刷。这是由于陶瓷贴花纸印刷使用的油墨不同于一般的印刷用油墨。陶瓷贴花纸印刷用的油墨是由彩釉粉料加连接料和辅料组成，它同普通印刷油墨不同的是，这里的彩釉粉料不是普通油墨中的有机颜料，而是由着色料和釉料组成。着色料主要是元素周期表中的一些过渡元素、碱土元素、稀土元素如铁、钴、铬、锰、钛、钒、铍、锆等氧化物；釉料是无色的高岭土、石英、长石等粉料。釉料粉是把着色料和釉料混炼，研磨成粉末后制成的。

陶瓷贴花纸印刷使用的承印物也不同于一般的印刷用纸。陶瓷贴花纸不仅仅是承受来自印版的印墨，更为重要的是还要把印刷图文转贴到瓷坯上，而纸经窑中高温烤烧后，则完全燃烧不留下任何痕迹。

陶瓷贴花纸的成色原理不同于普通印刷黄、品红、青三色叠印的成色原理。在普通印刷品中，印品颜色是靠黄、品红、青三色叠印而成的。而陶瓷贴花纸，是靠烤烧以后变色的彩釉色料呈色。铁色料经烤烧以后显暖红色，金色料经烤烧以后显紫红色，而铜和铬经烤烧以后都呈绿色。

平版印刷用水——润版液

“润版液是什么?”对于没有接触过印刷的人来说，这个问题说来话长。

平版印刷是一种印刷方式，又称为胶印。平版印刷因印版的图文部分和非图文部分处于同一平面而得名。在平版印刷中，图文部分上墨印出图文，非图文部分不上墨因此形成空白。那么图文部分和非图文部分如何分开的呢？水即润版液发挥了作用。润版液被吸附在非图文区域，油墨被吸附在图文区域，依据润版液与油墨不相互溶的原理，印刷就可以正常进行了。

这里说到的水——润版液是由很多成分组成的化学溶液，润版液是酸性的低表面张力的液体。传统意义上的胶印和润版液是共存的，它在胶印中的作用主要是保护非图文部分不被油墨沾脏，修复受到磨损的版面，清除空白部分的油脏，降低印刷机的温度等。

为什么润版液可以阻挡油墨呢，润版液和油墨为什么不相混溶？

胶印油墨的液体部分是连接料，连接料分为干性植物油和合成树脂两大类型。胶印油墨中的连接料具有一个共同特点：都是非极性的碳氢链在分子中处于支配地位，因此可以把油墨近似地看成是非极性液体。润版液中绝大部分是水，其他添加剂大部分是极性分子，因此润版液可以看成是极性液体，根据相似相溶原理，组成成分相同或相近溶液可以互相溶解，而油墨和润版液的组成成分有着天壤之别，所以它们是不相溶的。因此润版液在客观上也就保护了非图文区域不受油墨的侵入。

刻录图像的点点滴滴——激光照排机

激光照排机是在胶片或相纸上输出高精度、高分辨率图像和文字的打印设备。激光照排过程，就是先用电脑录入文字，用一定格式进行排版，将这一格式的文件用打印机打印，就能使它的内容出现在纸上。如果用激光照排机发排输出，再经过冲洗，就能得到用于印刷的软片。将这种软片经过晒版、拼版、制版、印刷，就可得到印刷成品了。

激光照排机的特点是输出精度高，输出幅面大。激光照排机主要有三种结构类型：外滚筒式、绞盘式和内滚筒式。

外滚筒式照排机的工作方式与传统电分机的工作方式类似，记录胶片附在滚筒的外圆周随滚筒一起转动，每转动一圈就记录一行，同时激光头横移一行，再记录下一行。这种照排机的优点是记录精度和套准精度都较高，结构简单，工作稳定，可以将记录幅面做得很大。

内滚筒式照排机又称为内鼓式照排机，被认为是照排机中结构最好的一种类型，几乎所有高档照排机都采用这种结构。内滚筒式照排机工作方式是将记录胶片放在滚筒的内圆周上面，滚筒和胶片不动而由激光光束扫描记录。激光光束位于滚筒的圆心轴上，激光器可以绕圆心轴转动，每转一周记录一行，同时激光器沿轴向移动一行。

绞盘式照排机的工作时胶片由几个摩擦传动辊带动，通常有 3 辊和 5 辊结构。在胶片传动的同时，激光将图文信息记录在胶片上。绞盘式照排机的激光光源固定不动，曝光光线的偏转靠振镜或棱镜转动来实现。绞盘式照排机的结构和操作都很简单，价格也较便宜，是目前使用最多的一种照排机类型。

油墨清洗剂

印刷油墨是由颜料、填充料、连接料和助剂等几种成分组成的。颜料包括无机颜料和有机颜料两类，目前印刷油墨中使用的黑色颜料多为无机颜料，而彩色油墨多为有机颜料。印刷油墨在配制时按印刷要求，根据一定的比例混合搅拌，再经过轧墨工艺制成。印刷油墨是印刷过程中必不可少的要素之一。那么油墨在印刷过程中如何使用，又为什么要进行清洗呢？

在所有印刷方式中，平版胶印的墨路较长，胶印墨辊少则2～3根，多则20余根。印刷时，油墨在重力及墨辊的剪切作用下，形成均匀的墨膜输送到印版表面。墨辊固有的性质以及墨辊的传墨性能，会直接影响到印刷品的印刷质量，所以要对墨辊进行清洗。墨辊的清洗一般分为三种，一是改换墨色前的换色清洗，二是每天印刷结束后的常规清洗，三是定期保养性清洗。

清洗墨辊上的油墨，就要使用到油墨清洗剂了。油墨清洗剂（也叫洗车水），主要分为两大类：一类是汽油、煤油，另一类是印刷专用清洗剂。

最早都是用汽油清洗胶印机上的油墨。汽油是一种单一的溶剂，只能清洗胶印油墨中的连接料。汽油的比重小，挥发速度很快，所以用汽油清洗过的墨辊和橡皮布常常还要用煤油进行辅助清洗。但是汽油和煤油只能溶解油墨中的有机物质，却不能溶解乳化油墨中润版液的无机化合物成分，对油墨的颜料和附着在墨辊上的纸毛和纸粉的亲和性很差。而且汽油对环境污染严重，对人体伤害很大，又是火灾的隐患，因此这种清洗剂已经处在被淘汰的边缘。

20世纪80年代以前，代替汽油的清洗剂成分比较复杂，清洗效果差，甚至不及汽油清洗油墨的能力。但是，90年代以后，出现了组成简单、清洗效果极佳的胶印油墨清洗剂。油墨清洗剂主要由碳氢化合物、乳化剂、抗腐蚀剂组成，是根据“化学结构相似互溶”的原理研制的。同时为了延长墨辊和橡皮布的使用寿命，还要加入防止橡胶老化的助剂，使用时加入少量的水即可。清洁剂可以溶解油溶性物质，水可以溶解水溶性物质。也就是说，有机溶剂会溶解油墨中的连接料和其他有机树脂，水却将亲水性良好的颜料粒子和混入油墨中的亲水性纸粉、纸毛带下来，并能溶解去除胶印乳化油墨中残留的润湿液的无机、胶质化合物。

整体来看，油墨清洁剂比较符合环境保护和健康的要求，对油墨有良好的清洁能力，对印版和印刷机没有腐蚀作用，对墨辊、橡皮布有良好的适应性。

印刷品封面用料

封面就像印刷品的衣服，它的颜色，它的风格，它的质地，都会反映书刊本身的内容。用于制作平装和精装封面的用料种类繁多，大致可分为纸质面料、涂布类面料、织物面料和非织物面料等。

我国的书刊封面使用最多的是纸质封面，常用的有书皮纸、白卡纸、花纹纸、胶版纸等。

书皮纸俗称封面纸，是制作平装书籍、杂志、簿册等的封面时用的一种印刷纸。书皮纸有平板纸，也有卷筒纸和各种颜色及花纹的书皮纸。白卡纸是定量较高、较厚的纸张，用于印刷名片，制作书籍封皮，还可以作为精装书籍的书背用纸。花纹纸是以较厚的纸为基材，经浸色或一面涂布涂料后压花制成的纸张。花纹纸可以用作平装书和精装书的封面，也可用作环衬、名片、贺卡等，是目前比较适用的一种封面材料。胶版纸是平装和骑马订装书籍常用的封面材料，也是精装接面书壳封面纸的主要材料。

使用涂布面料类的封面是为了改善封面材料的表面性能，提高其强度和耐油、耐水、耐脏污的性能。涂布封面材料是在纸张或布的表面涂布各种材料，从而得到性能良好、外表美观的封面用材料。常用的涂布类面料有漆布、露底布、漆纸、PVC 封面用纸等。

常用于制作精装书壳封面材料的织物有棉布、丝绸等。棉布又分为平纹布、斜纹布和绒布三类。

最后，封面用材料还有非织物面料如皮革面料、塑料面料等。

皮革面料只是用于装帧豪华装书籍，由于价格昂贵，很少用于精装书籍的封面。在书籍的装帧中，除用塑料涂布或覆膜的封面用纸外，聚氯乙烯印花或压花硬质塑料封面也得到了较为广泛的应用。塑料封面常用于手册、日记本、字典等。

烫印材料

烫印俗称“烫金”，在我国已有很长的历史。烫印是一种不用油墨印刷的特种印刷工艺。烫印借助一定的压力和温度，运用装在烫印机上的模版，使印刷品和烫印箔在短时间内互相受压，将金属箔或颜料箔按烫印模版的图文转印到被烫印刷品的表面。

烫印技术应用范围很广，如纸品烫印、纺织品烫印、装潢材料烫印、塑料制品烫印等。烫印材料种类很多，如金属箔、电化铝、色片、色箔等。

金属箔是将金属延展后或用金属粉末制成的薄金属片。用金属箔装帧图书，在我国已有好几个世纪的历史了，15 世纪末就曾流行用赤金箔装饰书籍，后来采用金属箔烫印封面的越来越多。现在有一些有价值的贵重书籍仍用赤金箔烫印封面，而一般书刊本册的金色均用电化铝代替了。

电化铝是一种在薄膜片基上真空蒸镀一层金属箔而制成的烫印材料。电化铝箔可代替金属箔用作装饰材料，以金和银色为多。电化铝适于在纸张、塑料、皮革、涂布面料、有机玻璃、塑料等材料上进行烫印，是现代烫印装帧最常用的一种材料。

色片是在平面光滑物体上沉积一层涂料层，经干燥后剥离于纸制作而成。色片专用于烫印精装书封面。色片的颜色很多，可以根据需要任意制作和选用，在没有色箔以前都是用这种材料烫印各种带有颜色的印迹的。

色箔也称粉箔，是一种在薄膜片基上涂布颜料、树脂类黏合剂及其他溶剂等混合涂料制成的烫印材料。用色箔烫印可形成各种颜色的图文。色箔的颜色种类很多，与电化铝箔相同是一种很受欢迎的颜料箔。但色箔的色层较薄，不如色片那样烫印后颜色鲜艳，厚实饱满。

书籍的其他装饰材料

书籍在装饰时除了要使用封面和烫印材料外，还需要使用很多其他的材料，比如制作精装书书壳的材料、制作环衬的材料等。

精装书的封面其实就是这里说到的书壳，常有软壳和硬壳之分。软壳是用较薄的卡纸和塑料加工而成，硬壳是由较硬的纸板加工而成。书壳是由裱装材料（漆布、人造革、各种纸和织物等）和里层材料（纸板）及中径纸组成。

纸板是制作精装书壳的主要材料之一，常用的有封面纸板、封套纸板、草纸板、白纸板等。

封面纸板是制作精装书籍、画册等封面用的纸板。封面纸板表面平整，不易翘曲，并且经过压光处理，是制作高档精装书壳的理想材料。封面纸板有 1.0 毫米、1.5 毫米和 2.0 毫米三种厚度。

封套纸板常用于精装书籍、画册等书籍的封面。封套纸板具有较强的耐折度，有 0.7 毫米、1.0 毫米、1.5 毫米、2.0 毫米和 2.5 毫米五种厚度。

草纸板也叫马粪纸板，是我国较早采用的一种装订纸板，表面粗糙呈黄色，是以稻草纤维为主要原料抄制而成。草纸板厚度一般为 0.7 毫米，纸板易折，易翘曲。

白纸板表层为白色，光滑平整，底层呈灰白色，较粗糙，多用于制作书套、软质书封壳、活络套硬衬、精装圆背书壳的中径纸等。

当打开一本精装书籍，无论正反的封面，总有一张纸连接在封面和内页的版面之间，这就是环衬。环衬是连接书芯和封皮的衬纸，目的在于使封面和内心不脱离。用作环衬的纸张通常有胶版纸、铜版纸、米卡纸等。

胶版纸作为环衬用纸多为白色，不同档次的书刊所用环衬纸的定量也不同。一般书刊定量为 60～150 克/平方米，较高档次的书籍、画册定量为 200～250 克/平方米。

铜版纸作为环衬纸，用于较高档次的书刊，有时印上与该书内容有关的装饰图案，以增加书刊的装饰效果。

米卡纸是供画册、精装书籍作衬纸用的一种米色压花卡纸。米卡纸纸张两面细腻柔软，颜色一致，极具装饰作用。

书籍在订联、装帧时会使用各种材料进行加工，其中的装饰材料起着提高书籍观赏性、收藏性和书籍价值的作用，经常在各种精装书中使用。

装订用粘接材料

粘接材料是在一定条件下，能把同一种类或不同种类的固体材料，通过界面黏合在一起的物质。粘接材料也是一种胶黏剂。在书刊装订中，将单张书页连接成书刊的重要方法之一就是粘接，所以，粘接材料是书刊装订生产中的重要材料。在书刊装订中，粘接的形式有端面粘接和平面粘接两种。

端面粘接是靠胶粘剂渗入到书页中，使纸张的端面相互粘接。根据胶黏剂在纸张之间渗入的深度及所形成胶膜的厚度不同，其粘接度也不相同。无线胶粘装订和热熔线烫订属于端面粘接，包封面、书壳的制作及上书壳等都属于平面粘接。平面粘接是搭接，接触面积相对比较大，所以比较牢固。

装订用胶黏剂主要有以下几种：淀粉糊胶黏剂、纤维素胶黏剂、合成树脂胶黏剂等。

淀粉糊胶黏剂是以淀粉为主要原料的胶黏剂，有淀粉糊和糊精两种。书刊装订用淀粉糊也称糨糊。淀粉糊胶黏剂以淀粉为原料，与水加热而制成。糨糊是装订常用的胶黏剂，广泛用于粘接纸张、织物与纸的裱糊等加工。糊精的原料也是以淀粉为主，但是糊精不仅可溶于热水，而且还可溶于冷水配成各种浓度的黏合剂。

纤维素胶黏剂又称纸毛糨糊、无粮糨糊。纸毛糨糊无商品出售，多是印刷厂用裁切的纸边自己加工。一般是将纸毛粉碎后，通过化学方法再经过处理加水而制成。纸毛糨糊可用于粘接插页、衬页、包封面等，干燥速度比淀粉糨糊慢。

合成树脂胶黏剂种类繁多，常见的有白胶、热熔胶、纸塑复合胶黏剂等。

聚醋酸乙烯酯乳液胶黏剂俗称白胶或乳胶，是由醋酸乙烯酯单体经聚合而成，在书刊装订中可用于单页、包封面、扫衬、堵头布、纱布等的粘接。

热熔胶在常温下为固体，加热到一定温度后熔化，变成能流动的有粘接性的液体。热熔胶的种类很多，用于书刊装订的热熔胶是聚乙烯醋酸乙烯酯。热熔胶主要用于书刊的无线胶订联动线。

纸塑复合黏结剂是丙烯酸酯和苯乙烯的共聚物，为乳白色液体，主要用于纸、塑粘接，是一种使用方便、粘接能力良好的水溶性黏合材料。

平版印刷中的“二传手”——橡皮布

橡皮布是一种高分子化合物制品，是现阶段印刷工业重要的印刷材料。橡皮布有底层和表层之分，底层是由多层织物纤维组成，每层都是独立的，两层之间还有一层弹性材料，用来控制橡皮布的伸展性，使得橡皮布多孔并具有一定的弹性。而表层则根据制造商的不同而有所不同，可能由几层带有弹性的材料组成，每一层具有各自的物理性质。橡皮布之间的差别使得其表面结构、外形轮廓、硬度和压缩性等各不相同。

橡皮布的种类很多，按功能可分为压印滚筒用橡皮布和转印用橡皮布。凹版印刷所用橡皮布就属于压印滚筒用橡皮布，此类橡皮布在印刷过程中不与油墨接触。单张纸胶印机用橡皮布、卷筒纸胶印机用橡皮布以及印铁用橡皮布等都属转印用橡皮布，在印刷过程中橡皮布会与油墨接触。

转印用橡皮布为什么会跟油墨接触，我们以平版印刷举例说明。平版印刷实际上是一种间接印刷方式，也就是说印刷时油墨并不直接从印版转移到纸张上，而是转移到橡皮布上，再从橡皮布上转移到纸张上。为什么要采用转印方式呢？为什么要使用转印用橡皮布呢？

第一，胶印采用水墨不相溶原理印刷，纸张如直接接触印版，必定吸收大量水分，造成纸张严重变形。第二，现代印刷机所用的大部分材料都是金属制成的，当要将油墨印刷到纸张上时，如果纸张一面接触的是柔性材料，那么印刷的效果肯定要好得多。所以采取转印的印刷方式。能与纸张直接接触，又能良好的转移油墨并与润版液相斥的柔性材料，非橡皮布莫属，橡皮布也就充当了油墨转移的媒介，它所起的作用就像排球场上的“二传手”。

图书在版编目(CIP)数据

印刷之术/钟永诚主编. —济南:山东科学技术出版社,2013.10(2020.10 重印)
(简明自然科学向导丛书)
ISBN 978-7-5331-7050-9

Ⅰ.①印… Ⅱ.①钟… Ⅲ.①印刷术—青年读物②印刷术—少年读物 Ⅳ.①TS805-49

中国版本图书馆 CIP 数据核字(2013)第 201427 号

简明自然科学向导丛书
印刷之术
YINSHUA ZHI SHU

责任编辑:李宏滨　王丽丽
装帧设计:魏　然

主管单位:山东出版传媒股份有限公司
出 版 者:山东科学技术出版社
地址:济南市市中区英雄山路 189 号
邮编:250002　电话:(0531)82098088
网址:www.lkj.com.cn
电子邮件:sdkj@sdcbcm.com
发 行 者:山东科学技术出版社
地址:济南市市中区英雄山路 189 号
邮编:250002　电话:(0531)82098071
印 刷 者:天津行知印刷有限公司
地址:天津市宝坻区牛道口镇产业园区一号路 1 号
邮编:301800　电话:(022)22453180

规格:小 16 开(170mm×230mm)
印张:12.5
版次:2013 年 10 月第 1 版　2020 年 10 月第 3 次印刷
定价:25.00 元